知って楽しい

カモ学講座

カモ

のせかい

著 嶋田 哲郎
監修 森本 元

緑書房

本書に登場するガンカモたち

・よく見られる種には、簡単に識別ポイントを付記した。
・日本産鳥類でない（日本で記録のない）種には＊を付した。
・並び順は『日本鳥類目録 改訂第7版』（日本鳥学会）に準拠した。

カモ類

ガンカモ類のなかで一番小さいグループで、一部の種を除いて一般的にオスは目立つ派手な羽色、メスは地味な羽色をしています。カモ類は、基本的に毎年つがい相手を替えます。

●水面採食性カモ類

カモ類は、食物をとるときに水に潜らない種と水に潜る種に分かれています。潜らずに水面で食べる種を「水面採食性カモ類」と呼びます。

▶**オシドリ（オス）**
鮮やかな羽色と、体後方の大きな銀杏羽（いちょうばね）。
（写真提供：髙木昌興氏）

◀**オカヨシガモ（オス）**
くちばしとお尻が黒色のシックな色合い。
（写真提供：本田敏夫氏）

◀ヨシガモ（オス）
緑色の頭と、体後方の鎌状にのびる羽。
（写真提供：本田敏夫氏）

▶ヒドリガモ（オス）
赤褐色の頭に、クリーム色の額。
（写真提供：麻山賢人氏）

◀マガモ（オス）
緑色の頭と、鮮やかな黄色いくちばし。
（写真提供：狩野博美氏）

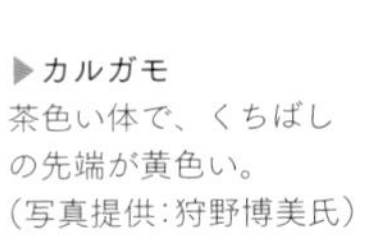

▶カルガモ
茶色い体で、くちばしの先端が黄色い。
（写真提供：狩野博美氏）

◀ミカヅキシマアジ（オス）
日本ではごくまれに見られる。
（写真：iStock.com/impr2003）

▶ハシビロガモ（オス）
幅の広いくちばしと、
茶色のお腹。
（写真提供：麻山賢人氏）

◀オナガガモ（オス）
白色の胸と長い尾羽。

▶トモエガモ（オス）
緑色と黄色の顔の巴（ともえ）模様。
（写真提供：箕輪義隆氏）

◀コガモ（オス）
一番小さなカモ。
緑色と茶色の頭。
（写真提供：麻山賢人氏）

●潜水採食性カモ類

水に潜って食物をとる種を「潜水採食性カモ類」といい、このカモ類の脚は水面採食性カモ類よりも体の後方についていて、水に潜るのに適しています。

▶オオホシハジロ（オス）
日本ではまれに見られる。
（写真提供：城石一徹氏）

◀アメリカホシハジロ（オス）
日本ではごくまれに見られる。
（写真提供：箕輪義隆氏）

◀ホシハジロ（オス）
赤茶色の頭と白色の体。
（写真提供：麻山賢人氏）

▶アカハジロ（オス）
絶滅が心配される。日本ではまれに見られる。左はホシハジロのメス。
（写真提供：箕輪義隆氏）

◀キンクロハジロ（オス）
黒色と白色のツートンカラー。
（写真提供：狩野博美氏）

▶シノリガモ（オス）
線状の白色と赤褐色のお腹。
（写真提供：狩野博美氏）

◀**クロガモ**
手前がオス、奥がメス。
オスは黒色の体に、くちばし基部の黄色い膨らみ。
（写真提供：狩野博美氏）

▶**コオリガモ（オス）**
とがった長い尾羽。
（写真提供：箕輪義隆氏）

◀**ホオジロガモ（オス）**
三角形の頭に白色の頬。

▶**ミコアイサ（オス）**
パンダのような模様。
（写真提供：狩野博美氏）

▶**カワアイサ（オス）**
黒緑色の頭に赤いくちばし。

◀**ホンケワタガモ***
左２羽がオス、右２羽がメス。カモメ類のコロニーのなかで繁殖する。
（写真提供：Kyle H. Elliott氏）

▶**ズグロガモ***
左がオス、右がメス。繁殖の際には、自分たちで巣をつくらずに他種の水鳥の巣に托卵する。
（写真：iStock.com/Foto4440）

◀**カモ類の団子状飛行**
体の小さなカモ類は、V字型の編成をつくらず団子状の群れで飛行する。
（写真提供：狩野博美氏）

ガン類

体の大きさはカモ類とハクチョウ類の中間で、オスとメスの羽色は同色です。ガン類のつがいは一夫一妻で、相手が生涯替わることはありません。

▶サカツラガン
灰褐色の体に長い首と大きなくちばし。
（写真提供：伊藤利喜雄氏）

◀亜種オオヒシクイ
黒褐色の体で、くちばしの先端近くが橙黄色。
（写真提供：高橋佑亮氏）

▶亜種ヒシクイ
亜種オオヒシクイに似るが、首が短く、ひとまわり小さい。

▶**マガン**
灰褐色の体に、ピンクのくちばしと白色の額。
（写真提供：麻山賢人氏）

◀**カリガネ**
マガンに似るが、目の周りに黄色のアイリング。

▶**ハクガン**
白色でピンクのくちばし。
（写真提供：狩野博美氏）

◀**ハクガン（通称アオハクガン）**
ハクガンには白色型と青色型があり、その青色型。日本ではまれに見られる。
（写真提供：城石一徹氏）

◀**ミカドガン**
日本ではごくまれに見られる。
（写真提供：森口紗千子氏）

▶**シジュウカラガン**
黒色で頬と喉、首と胸の境が白色。マガンより少し小さい。
（写真提供：狩野博美氏）

◀**コクガン**
黒色で首に白色の輪。
（写真提供：谷岡 隆氏）

▶**カオジロガン***
繁殖地では、崖の岩棚に巣をつくる。
（写真：iStock.com/Bkamprath）

◀マガンのV字飛行
（写真提供：狩野博美氏）

▶マガンの朝の飛び立ち

■外来種■

▶カナダガン
シジュウカラガンに似るが、
首と胸の境の白色がない。
大きさはコハクチョウほど。
（写真提供：箕輪義隆氏）

ハクチョウ類

ガンカモ類で最も体の大きなグループで、長い首が特徴です。ガン類と同じようにオスとメスの羽色は同色で、一夫一妻を生涯貫きます。基本的に北半球にいるハクチョウ類はすべて白色ですが、南半球にはコクチョウやクロエリハクチョウなどの黒い羽色をもつ種もいます。

◀**コハクチョウ**
白色で、くちばしの黄色い部分がやや小さい。
（写真提供：麻山賢人氏）

▶**オオハクチョウ**
白色で、くちばしの黄色い部分が大きい。コハクチョウよりひとまわり大きい。足も大きく10数cmもある。

▲オオハクチョウの親とヒナ

▲コハクチョウの巣とヒナ

■外来種■

▲コクチョウ
黒色の体に赤いくちばし。
（写真提供：麻山賢人氏）

▲コブハクチョウ
白色の体で、くちばし基部にこぶがある。

その他のガンカモ類

▲ツクシガモ
白色で、赤いくちばしに頭から首は黒色、肩から胸にかけて栗色の帯。
（写真提供：麻山賢人氏）

▼カササギガン*
オーストラリアなどに生息し、本種だけでカササギガン属を構成する。
（写真提供：岡本勇太氏）

家禽

■ガン類由来のもの■

▲ガチョウ（写真提供：池内俊雄氏）

▲シナガチョウ（写真提供:三島直温氏）

■カモ類由来のもの■

▲アヒル（写真提供：箕輪義隆氏）

▲アヒル（写真提供：箕輪義隆氏）

▲アイガモ（写真提供：澤井保人氏）

■その他の家禽■

▲バリケン
南米に生息するノバリケンを家禽化したもの。（写真提供：佐藤賢二氏）

■各部の名称（カルガモのオスを例として）■

はじめに

冬になると水辺を賑わすカモ、ガン、ハクチョウ。カモのオスの鮮やかな羽色、ガンの大集団、白色でひときわ大きなハクチョウ、どれも魅力的な鳥たちです。皆さんが彼らを見て最初に気になるのは、おそらくその名前でしょう。あのきれいな羽色をしたカモは何という名前なのだろう？それに答えてくれる識別の図鑑は世にたくさんあります。

次に疑問となるのが、彼らは普段「何をしているのだろう」、「何を食べているのだろう」といった暮らしぶり、すなわち生態についてでしょう。それに答えたのが本書です。本書では、私がガンカモ類たちを観察・研究している宮城県北部の伊豆沼・内沼を中心とした水域をモデルとして、これまでの研究によって明らかにしてきたガンカモ類の暮らしを、カモ学として体系的にまとめました。

日本で見られるカモ、ガン、ハクチョウのほとんどは、日本で冬を過ごす渡り鳥（冬鳥）です。本書の前半では、水辺での暮らしに適応したガンカモ類の特徴的な生態や体のつくりを説明した後、繁殖、渡り、越冬と、彼らの一年の大きなイベントごとにその様子を紹介しています。また、水辺で暮らすガンカモ類は、その水辺環境の一部であり、短期的、長期的にその変化の影響を受けています。後半では、環境の変化に対するガンカモ類の対応、そしてそれに基づいた保全について述べ、さらに今後のガンカモ類研究の基本となるモニタリング技術の新展開について紹介しています。

また、読者がほとんど目にすることのない繁殖の様子、遠くからではわかりにくい特徴的な体の構造をはじめ、本書では内容をより深く理解してもらえるよう、できるだけ多くの写真を集めました。「不可能だろうけど、あの写真がほしい」などと願っているうちに、偶然手に入った写真もあります。さらに、写真には適宜、彼らが見せるさまざまな行動について説明を加えました。写真からその行動の意味を汲み取れるようにし、ガンカモ類の生態図鑑という側面も持たせたつもりです。なお、本書の副題は「カモ、ガン、ハクチョウのせかい」ですが、構成上、その順に記載していないところもあります。

私は、研究活動を始めたときからガンカモ類に的をしぼってきました。振り返れば、そのなかで、研究テーマの方向性を決定づける人との出会いがたくさんありました。その始まりは、1988年に千葉県立中央博物館の桑原和之さん、科学イラストレーターの箕輪義隆さんと一緒に行った多摩川河口でのカモ類の調査でした。そして、千葉県市川市の行徳鳥獣保護区の蓮尾嘉彪さん、純子さんご夫妻にお世話になりながら、東京湾岸を中心にカモ類の研究をしました。

1994年に宮城県伊豆沼・内沼環境保全財団の職員となってからは、カモ類に加え、ガン類やハクチョウ類の研究も開始しました。東北大学元総長で、財団の初代理事長である加藤陸奥雄先生には、「マガンの研究をしなさい」というミッションを与えられ、研究を通して多くの薫陶を受けました。呉地正行さんをはじめ、「日本雁を保護する会」の方々にはガン類の研究のなかでさまざまな助言をいただきました。

２００５年には、化学分析を専門とする岩手大学の溝田智俊先生との共同研究が始まりました。溝田先生は、これまで鳥ばかり見てきた私に、食物を調べることの重要性を教えてくださいました。マガンの調査なのに、鳥をいっさい見ずに農地で一日中、ひたすら落ち籾(もみ)や落ち大豆を数えたこともあります。

２００７年には、東京大学の樋口広芳先生による、オオハクチョウとオナガガモの衛星追跡調査に参加させていただきました。学生の頃からお世話になっていた樋口先生との本格的な調査。チームで役割分担しながら調査する醍醐味、長距離移動するガンカモ類の渡り研究のおもしろさを学びました。

２０１１年には、東日本大震災がありました。震災という沿岸部の大規模環境改変が、海で暮らすコクガンにどのような影響を与えたかを調べるため、コクガンの研究を開始し、三陸海岸南部沿岸がフィールドに加わりました。

２０１５年には、認定ＮＰＯ法人バードリサーチの植田睦之さんたちと、㈱数理設計研究所が開発したＧＰＳ－ＴＸを用いて越冬期のオオハクチョウやカモ類の追跡を行いました。学生の頃から夜行性のカモ類の生態を知りたかった私に、ようやくそのチャンスが巡ってきました。

２０１６年には、ロボットやセンサなどの新技術を用い、鳥類モニタリングや生態系管理をテーマに、東京大学、北海道大学、酪農学園大学、財団で共同研究を行いました。まったく異なる分野の先生方との共同研究は刺激的で、ガンカモ類研究の未来に新しい視点を得ました。

こうした大きな道標を頼りに、家族や財団の職員をはじめ、多くの方々に支えられながら、30年以上の間、ガンカモ類の研究を続けることができました。そして、ガンカモ類のことを多くの方々に知っていただくため、論文だけでなく、一般向けの解説書をいつか書きたいと考えていたところ、森本元さんから本書の執筆依頼をいただいたのです。なんという幸運。そのお話に飛びついたのはいうまでもありません。

私にとって論文の執筆が短距離走ならば、本の執筆はマラソンです。短距離走には自信がありますが、マラソンはほとんど経験がありません。正直な話、かなり辛いときもありました。伴走くださった監修の森本さんや編集の秋元理さん、森光延子さんの励ましや導きに、どれだけ助けられたかわかりません。

また、本書には多くの方々から貴重な写真を快くご提供いただいたほか、佐藤望さんには入手しにくい海外のガンカモ類の写真集めにご尽力いただきました。山田浩之先生、小川健太先生、鈴木透先生、森口紗千子さん、藤本泰文さん、速水裕樹さんには、各専門分野に関わる記載箇所にお目通しいただき、適切なコメントをいただきました。

研究にあたっては、前述の方々や団体以外にもお力添えいただきました。ガンカモ類の捕獲、送信機の装着では、時田賢一さん、内田聖さん、土方直哉さん、杉野目斉さん、澤祐介さんをはじめとする方々、2003年から始まったマガン羽数合同調査では、全国の有志の方々にお世話になりました。また、「宮島沼の会」、日本獣医生命科学大学、「南三陸ネイチャーセンター友の会」とも共同研究をさせていただきました。三井物産環境基金、経団連自然保護基金、新エネルギー・産業技術総合開発機構（NEDO）、環境省環境研究総合推進費などからは研究助成をいただきました。

運命論者ではありませんが、研究を始めて以来、何かに導かれるようにして、ここまでたどり着いたような気がします。関わっていただいたすべての方に心からの感謝を申し上げます。

2021年8月

嶋田哲郎

目次

第1章

ガンカモ類とは

カモ、ガン、ハクチョウの違い

冬になると、池や川などそれまで静かだった水面に、カモたちが渡ってきて賑やかになります。林やヨシ原をすばやく移動しながら生活する小鳥と違って、水面に浮かんでのんびり過ごすカモたち。その姿は見つけやすく、鳥のなかでも観察しやすいグループです。また、カモのオスはずっと眺めていても見飽きない、種ごとに異なったきれいな羽色をしています。

北海道や東北地方など、ガン類やハクチョウ類の多い地域へ観察に行くと、ときに数万羽という群れを見ることができ、その数に圧倒されます。これらカモ、ガン、ハクチョウといった仲間をひとくくりにして「ガンカモ類」といいます（表1-1）。

そのなかで、カモの仲間をカモ類、ガンの仲間をガン類、ハクチョウの仲間をハクチョウ類などと呼びます。ここにはガチョウなどの家禽（かきん）や、その他の仲間もいくつか含まれます。観察しやすく、魅力たっぷりのガンカモ類ですが、意外とわかっていないことが多く、その生態はまだまだ謎に包まれています。

表1-1　ガンカモ類（カモ類、ガン類、ハクチョウ類）の識別ポイント

	カモ類	ガン類	ハクチョウ類
大きさ	ハト〜カラスくらい	カラスより大きい	かなり大きい
体の特徴※	• 雌雄の羽色が違う（雌雄が見分けやすい） • 首が短く、頭と胸がくっついて見える	• 雌雄の羽色が似る（雌雄が見分けにくい） • カモ類とハクチョウ類の中間の大きさ	• 雌雄の羽色が似る（雌雄が見分けにくい） • 白くて首が長い
行動	夜行性	昼行性	昼行性
採食方法、水面上の姿	• 濾し取りやついばみ採食 • 水面採食性カモ類：水面に浮かんでいるとき、尾羽が水面につかず上にある。助走なしで飛び立つことができる • 潜水採食性カモ類：尾羽が水面近くにある。飛び立つときには、助走をつける	• 農地ではついばみ採食、水面では水面採食 • 水面に浮かんでいるとき、尾羽が水面につかず上にある	• 農地では濾し取りやついばみ採食。水面では水面採食 • 長い首の湾曲が目立つ
種ごとの仲間（本書に登場する主なもの）	• 水面採食性カモ類：オシドリ、オカヨシガモ、ヨシガモ、ヒドリガモ、マガモ、カルガモ、ハシビロガモ、オナガガモ、トモエガモ、コガモ • 潜水採食性カモ類：オオホシハジロ、アメリカホシハジロ、ホシハジロ、アカハジロ、キンクロハジロ、シノリガモ、クロガモ、コオリガモ、ホオジロガモ、ミコアイサ、カワアイサ	• サカツラガン • ヒシクイ • マガン • カリガネ • ハクガン • ミカドガン • シジュウカラガン • コクガン	• コハクチョウ • オオハクチョウ

※体型(シルエット)の違いは図2-11を参照。
補足：家禽のアヒルはマガモを改良し家畜化したもの、アイガモはマガモとアヒルの交配種、またはカルガモとアヒルの交配種である。また、ガチョウはハイイロガンやサカツラガンを家畜化したものである。

ガンカモ類は、生物の分類学において、鳥類のなかの「カモ目カモ科」という分類に属します。ずんぐりむっくりした体型に、比較的長い首と扁平なくちばしをもち、短い脚には水掻き（みずか）があり、水辺を中心に生活するのに適しています。最も体が大きいのはハクチョウ類で、次いでガン類、一番小さいのがカモ類です。ガンカモ類は、鳥類のなかでも大型で、日本に飛来するガンカモ類の体重を見ると、最も大きいオオハクチョウ（**図1-1**）で10kg、最も小さいコガモ（**図1-2**）でも300gあります。

美しい羽色をもった、さまざまなカモのオスを見てみると、複雑な色合いをもち、銀杏羽（いちょうばね）と呼ばれる発達した三列風切羽（さんれつかざきりばね）*（口絵16頁参照）が特徴のオシドリ（**図1-3**）、金属のような光沢ある緑色の頭に、鮮やかな黄色のくちばしをもつマガモ（**図1-4**）、顔にカラフルな巴（ともえ）模様の入ったトモエガモ（**図1-5**）、白黒のツートンカラーのキンクロハジロ（**図1-6**）など、種ごとに異なった鮮やかな色彩に思わず見入ってしまいます。

それに対してメスは、種ごとに少しずつ異なるものの、全体的に地味な茶色をしています。慣れないとメスの識別は難しいのですが、そういうとき、私は「そばにいるオスの種を確認してください」とお話ししています。

＊風切羽　翼の部位の名称としては「風切」（初列風切、次列風切、三列風切）だが、わかりやすさを優先し、本書では箇所によって「羽」をつけて表記した。

図1-1　オオハクチョウ
カラー版は口絵p.13参照。

図1-2　コガモ（オス）
（写真提供：麻山賢人氏）
カラー版は口絵p.5参照。

図1-3　オシドリ（オス）
（写真提供：高木昌興氏）
カラー版は口絵p.2参照。

図1-4　マガモ（オス）
（写真提供：狩野博美氏）
カラー版は口絵p.3参照。

図1-5　トモエガモ（オス）
（写真提供：箕輪義隆氏）
カラー版は口絵p.4参照。

図1-6　キンクロハジロ（オス）
（写真提供：狩野博美氏）
カラー版は口絵p.6参照。

カモ類は同じ種で群れをつくっていることが多いためです。しかし、美しい羽色をもつオスも、秋に渡ってきた当初はエクリプス羽*という、メスに似た羽色をしています。季節が進むにつれて、換羽（かんう）してきれいな羽色に変化します。

一方で、同じガンカモ類であっても、ガン類やハクチョウ類は、雌雄同色ゆえに、野外ではぱっと見でオスとメスの見分けはほとんどつきませんが、オオハクチョウではオスの方が重く、体も大きい傾向があります。オオハクチョウのつがいを注視すると、オスとメスの大きさのわずかな差がわかることがあります。野外では、ガン類やハクチョウ類の雌雄の見分けはほとんどつきませんが、大きな方がオスなのでしょう。

生息場所や個体数に目を向けると、ガンカモ類は地球上の淡水域に広く分布しています。また、クロガモ（図1-7）やシノリガモ（図1-8）のように海辺に生息する種や、カササギガン（図1-9）のように乾燥地帯でも生息できる種がいます。数の面では、中国に生息するアカハジロ（図1-10）など個体数が少なく、絶滅が心配される種がいる一方で、北米のハクガン（図4-8参照）など、数百万羽に及ぶ大集団をつくれるほど個

***エクリプス羽**　換羽後のカモのオスに見られる非繁殖羽のことで、捕食者からの隠ぺい効果を高めるためにメスに似た羽色をもつ羽をさす。オスはその後の換羽で、越冬期につがい形成するためにオスの特徴を示す繁殖羽となる。

***日本鳥学会が定期的に更新**　鳥類学の研究が活発に行われている国では、各国の鳥学会がその国で記録されるすべての鳥類を分類し、生息状況を記した目録を出版している。日本では、日本鳥学会が刊行する『日本鳥類目録』がこれにあたり、1922年の初版以降、定期的に更新されている。現在最新のものは、2012年の改訂第7版。世界の鳥約1万種のうち、この目録に掲載された種が、日本産鳥類となる。

体数が多い種もいます。

世界の鳥のなかで、日本の鳥かどうかのリストを、日本鳥学会が定期的に更新*していいます。このなかで、日本産鳥類として日本鳥学会で認められている「カモ科鳥類」は56種です。カモ科鳥類とはガンカモ類のことで、前述したように、このなかにカモ類、ガン類、ハクチョウ類がすべて含まれています。

ガンカモ類にはたくさんの種がいるものの、多くの人が目にするのは、これらのうち主にカモ類（前述したカモの仲間）です。なぜなら、マガモやカルガモ（**図1-11**）などのカモ類は、全国に広く分布するからで

図1-9　カササギガン
（写真提供：岡本勇太氏）
カラー版は口絵p.14参照。

図1-7　クロガモ（手前：オス、奥：メス）
（写真提供：狩野博美氏）
カラー版は口絵p.7参照。

図1-10　アカハジロ（オス）
左はホシハジロのメス。（写真提供：箕輪義隆氏）カラー版は口絵p.6参照。

図1-8　シノリガモ（オス）
（写真提供：狩野博美氏）
カラー版は口絵p.6参照。

す。他方で、ハクチョウ類を目にできる人は限られます。なぜなら、ハクチョウ類は北海道や東北、北陸地方などに多く、分布が局所的になるからです。ガン類ではさらにその傾向が強まり、特にガン類の一種であるマガン（図1－12）は、国内飛来数の9割ほどが宮城県北部に集中しています。

このように、同じガンカモ類であっても、種によってその生態や分布状況はさまざまです。カモ類は、オスは派手、メスは地味な色という雌雄で異なった羽色をもち、全国に広く分布する一方、ガン類やハクチョウ類は、雌雄同色で、北日本に偏った局所的な分布をするという大きな違いがあります。

家禽となったガンカモ類

野生の鳥を、肉、卵、羽毛など人の生活に役立てるために、品種改良し、家畜として飼育しているものを家禽（かきん）といいます。野生のオオカミからイヌ、イノシシからブタを家畜化したように、鳥ではセキショクヤケイからさまざまな品種のニワトリ類が家禽化されてい

図1-11　カルガモ
（写真提供：狩野博美氏）
カラー版は口絵p.3参照。

図1-12　マガン
（写真提供：麻山賢人氏）
カラー版は口絵p.10参照。

ます。水鳥であるガンカモ類の代表的な家禽はアヒル（図１－13）です。

●アヒルとアイガモ

アヒルは、食肉、採卵、羽毛採取、愛玩用などのために、マガモを改良して家畜化した家禽です。その歴史は３０００年以上にも及び、北京ダックやローストダックなど、世界中でさまざまな肉料理に用いられるほか、その卵はピータンの材料となります。いろいろなタイプの羽色があり、マガモと同じ色合いのものから茶色や白色までさまざまです（口絵15頁参照）。

マガモとアヒルを交配させたのが、アイガモ（図１－14）です。羽色や大きさなどはマガモに近く、飛翔力もあります。アヒルと比べると野生のカモに近い味や肉質であるため、カモの代用として〝鴨料理〟に使われます。その他の利用法としては、日本では１９９０年代頃から除草剤の使用を減らすため、アイガモを水田に放して雑草を食べさせる「アイガモ農法」があり、役割を終えると食用にな

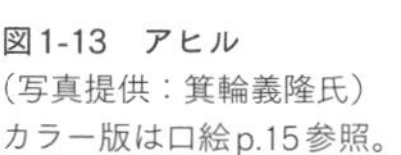

図1-13　アヒル
（写真提供：箕輪義隆氏）
カラー版は口絵p.15参照。

図1-14　アイガモ
（写真提供：澤井保人氏）
カラー版は口絵p.15参照。

ります。アイガモには、マガモとアヒルのほか、カルガモとアヒルとの交配種もあり、どちらも同様に利用されます。

●ガチョウ

ガチョウも、アヒルと同様に代表的な家禽です。ガチョウはハイイロガンを原種とするヨーロッパ系のもの（**図1-15**）と、サカツラガンを原種とする中国系のシナガチョウ（**図1-16**）に大きく分かれます。それぞれ原種に似た羽色をもちますが、シナガチョウには上くちばしの付け根に、サカツラガンにはない、瘤のような隆起が見られます。

ヨーロッパ系のガチョウには、フランスで品種改良されたツールーズ種と、オランダ、ドイツで品種改良されたエムデン種という品種があります。ツールーズ種は、肉用としてよりも、肝臓を肥大させた食材であるフォアグラで有名です。ヨーロッパ系のガチョウはヨーロッパとアメリカ、シナガチョウはアジア、アフリカで広く飼われています。

図1-16　シナガチョウ
（写真提供：三島直温氏）
カラー版は口絵p.15参照。

図1-15　ガチョウ
（写真提供：池内俊雄氏）
カラー版は口絵p.15参照。

また、ガチョウの羽根は、筆記用具として利用されていました。羽軸（第4章コラム「ガンカモ類 豆知識2」参照）が中空で、固さと柔軟性、大きさの点でペンとして使いやすい上、農家で飼育されていたので、入手も容易でした。さらに短期間で成長し、肉質もよく、良質な羽毛がとれるため、肉や卵は食用に、羽毛は布団やダウンジャケットなどに用いられます。警戒心が強く、知らない人間や他の動物に対して大声で鳴き騒ぎ、追いまわしてくちばしで攻撃をしかけることから、昔から番犬代わりにも飼われています。

ところで、なかには家禽かどうか、特定しにくい個体もいます。野外で調査をしていると、まれに下腹部の膨らんだ、少し大きめのぽっちゃりしたマガモそっくりな鳥に出会うことがあります。羽色は〝マガモ〟そのものなのですが、見るからに精悍さに欠けます。これは、じつはマガモではなく、アヒルなのです。

飛翔力のあるシナガチョウも、日本の野外で観察したことがあります。原種であるサカツラガンと見間違うほど、見た目も野生のサカツラガンの体型に近い個体でした。バリケン（**図1-17**）もまれ

図1-17　バリケン
（写真提供：佐藤賢二氏）
カラー版は口絵p.15参照。

に野外で見ます。バリケンは南米産のノバリケンを家禽化したもので、「フランス鴨」などとも呼ばれています。これらは、もともと飼われていたものが、野外に放されてしまったか、逃げ出してしまったものです。

こうした家禽も身近なガンカモ類ですが、本書では主に野生のガンカモ類について扱います。

ガンカモ類の生態から見えてくること

日本で見られる野生のガンカモ類のほとんどは、極東ロシアで繁殖し、冬鳥*として日本に飛来します。カモ類のなかには、日本で繁殖するものもいて、マガモやオシドリなど限られた地域で繁殖するものがいる一方、カルガモは、湖沼や河川など日本全国の広い地域で繁殖します。このため、夏に農地などでよく見られるカモはカルガモです。

ガン類やハクチョウ類は基本的に昼行性で、昼間活動して、夜間は水域でねぐら*をとります。一方でカモ類は夜行性。昼間休息して、日没とともにねぐらから農地などへ移動して採食します。昼間、池などでのんびりと休息しているカモたちを見ることができるのは、そのためです。

***冬鳥**　秋に日本に飛来して冬を過ごし、春に繁殖のために北へ去る渡り鳥。

***ねぐら**　鳥が夜を過ごす場所のこと。ガンカモ類やカラス類、サギ類など一部の種では、非繁殖期に大規模な集団ねぐらをつくり、ときには数千〜数万羽になることがある。

カモは夜行性という話をすると、必ず出るのが「鳥目ではないのですか?」という質問です。家畜であるニワトリの視力が、夜に極端に低下することから連想されることが多いようですが、基本的に鳥は夜でも見えています。秋になると、夜に渡りをするガン類やハクチョウ類の声が空から聞こえてきますし、小鳥たちも夜間に移動しています。

北海道から九州にかけた140地点で、船舶レーダーを用いて、春と秋の渡り鳥の夜間の移動調査を行った例では、高さ300~400mで、日の入り後80~140分後頃に、最も鳥たちの移動が多いことがわかりました。このようにガンカモ類も夜間に活動をしています。

ガンカモ類の多くは植物食です。刈り取った後の農地に残った籾や大豆、畦の草本類を食べ、河川やハス田、休耕田なども利用します。林でドングリを食べるものもいます(図1-18)。一方で、潜水して水生植物や魚類、甲殻類などを食べる種もいます。こうした地域の生態系の基盤を構成する多様な食物をとり、陸上の広い範囲に生息しているということは、生息地の環境変化を受けやすく、個体数や分布の増減にそれらが反映されやすいため、生態系の変化を指標しやすい種群ともいえます。地球規模の開発や

図1-18　ドングリを飲み込もうとするオシドリのメス
(写真提供:髙木昌興氏)

気候変動が進むなか、ガンカモ類を見つめることは、彼らを通して環境変化をモニターしていることにもなるのです。

第2章以降では、ガンカモ類の体の特徴や、一年の暮らしを紹介した後に、渡り、繁殖地や越冬地での暮らしなど、それぞれを詳しく見ていきます。さらに、ガンカモ類を通して見た環境変化やガンカモ類の保全のあり方を述べます。最後に、今後に向けたモニタリングや、身近で観察しやすいガンカモ類をもっと楽しむために知っておきたい調査方法などを紹介します。

第2章

ガンカモ類に特徴的な形態と一年の暮らし

くちばしの形と採食方法

●濾し取り採食とつまみ取り採食

池などでカモ類を観察していると、くちばしを水面につけ、くちばしを少し開けては閉じることを繰り返して、ペチャペチャと音を立てながら何かを食べています。オオハクチョウも、農地などの水の溜まったところで、ペチャペチャしています（図2-1）。このペチャペチャは、よく目にするガンカモ類の採食行動の1つで、「漉(こ)し取り採食」と呼ばれます。

ガンカモ類の体の特徴の1つは、くちばしが扁平なことです。くちばしの先端には角質からなる鉤(かぎ)状の突起（嘴爪(はしづめ)、図2-2）があり、外縁に櫛(くし)状の薄い板（板歯(ばんし)）があります。水と一緒に食物を取り込み、板歯の間から水を出して漉し取ってから、食物を飲み込みます。プランクトンを採食するハシビロガモ（図2-3）では、この板歯が発達してブラシ状になっています（図2-4）。

くちばしは、ヒトの歯とは異なり、カルシウムではなくタンパク

図2-2　マガモの嘴爪
（写真提供：狩野博美氏）

図2-1　ペチャペチャ食べるオオハクチョウ

質が変化したケラチンでつくられています。ヒトの爪や皮膚もこのケラチンでできています。同じ歯のような構造でも、ヒトと鳥では違いがあります。

また、くちばしの形は種によって違います。プランクトンを採食するハシビロガモのように、扁平なくちばしほど漉し取り採食を得意とし、その幅が狭まるにつれて、「つまみ取り採食」が得意になります。つまみ取り採食とは、名前の通り、食物をつまむように食べる採食方法です。

潜水して魚を追跡して捕まえて食べるカモ類のカワアイサは、先端部の鋭いくちばしをもっています（図2-5）。ガン類のくちばしは、カモ類やハクチョウ類よりも、先端部の幅が一般的に狭くなっています。マガンは、漉し取りよりも水田に落ちている籾（もみ）をつまみ取ったり、草本類の葉をちぎり取ったりすることが得意です。コクガンも、漁港のスロープなどに付着した海藻を、さかんに

図2-4　ハシビロガモの板歯

図2-3　ハシビロガモ（オス）
（写真提供：麻山賢人氏）
カラー版は口絵p.4参照。

図2-5　カワアイサ（オス）
カラー版は口絵p.8参照。

ついばんで食べます（図2－6）。こうした食べ方は、いずれもつまみ取り採食の範疇に含まれます。

この漉し取りとつまみ取り採食は、ガンカモ類の代表的な採食方法で、どちらをよく使うかは、種間のくちばしの形の違いだけでは決まらず、同じ種であっても、池沼や河川、海、農地などの採食場所の違いやその水深の違いに応じて、方法を使い分けています。

また、ガン類やハクチョウ類は水に潜りませんが、カモ類のなかには、潜って水中の食物を食べることのできる種もいます。マガモやカルガモなど潜らない種を「水面採食性カモ類」、キンクロハジロやホシハジロ（図2－7）など潜る種を「潜水採食性カモ類」などと呼び分けます。

水面採食性カモ類、ガン類やハクチョウ類は、水面だけでなく、水面下にある食物も首の届く範囲で倒立してとります（図2－8）。潜水採食性カモ類は、潜って水中に生える水草や魚類、貝類などを食べます。海に生息するコオリガモ（図2－9）は、通常、水深3～10mまで潜りますが、ときには50mまで潜ることもあります。

図2-7　ホシハジロ（オス）
（写真提供：麻山賢人氏）
カラー版は口絵p.6参照。

図2-6　ついばみ採食するコクガン

●塩分などを排出する塩類腺

　ところで、ヒトの場合、余分な塩分や老廃物を排出する機能をもつのは腎臓です。鳥では腎臓に加えて、目の上にある塩類腺で血液中の塩分を濃縮して、くちばしの付け根にある鼻腔から排出することができます。海上で暮らすガンカモ類は、当然のことながら塩分を含んだ食物をとり入れるので、余分な塩分は、濃縮された塩水となって鼻腔から流れ出ます。

　この塩類腺の発達程度は、同じ種でも採食場所の塩分条件によって異なります（図2-10）。たとえばオオハクチョウでは、宮城県北部の伊豆沼・内沼などの淡水域で採食する群れと、オホーツク海でアマモなどを採食する群れの顔つきを比較すると、海で採食する個体は塩類腺が発達して、頭

図2-8　オオハクチョウの倒立採食
（写真提供：狩野博美氏）

図2-9　コオリガモ（オス）
（写真提供：箕輪義隆氏）
カラー版は口絵p.7参照。

図2-10　塩類腺の発達の違い
伊豆沼（右）とオホーツク海（左）で暮らすオオハクチョウ頭部の比較。オホーツク海のオオハクチョウの目の上が膨らんでいるのがわかる。

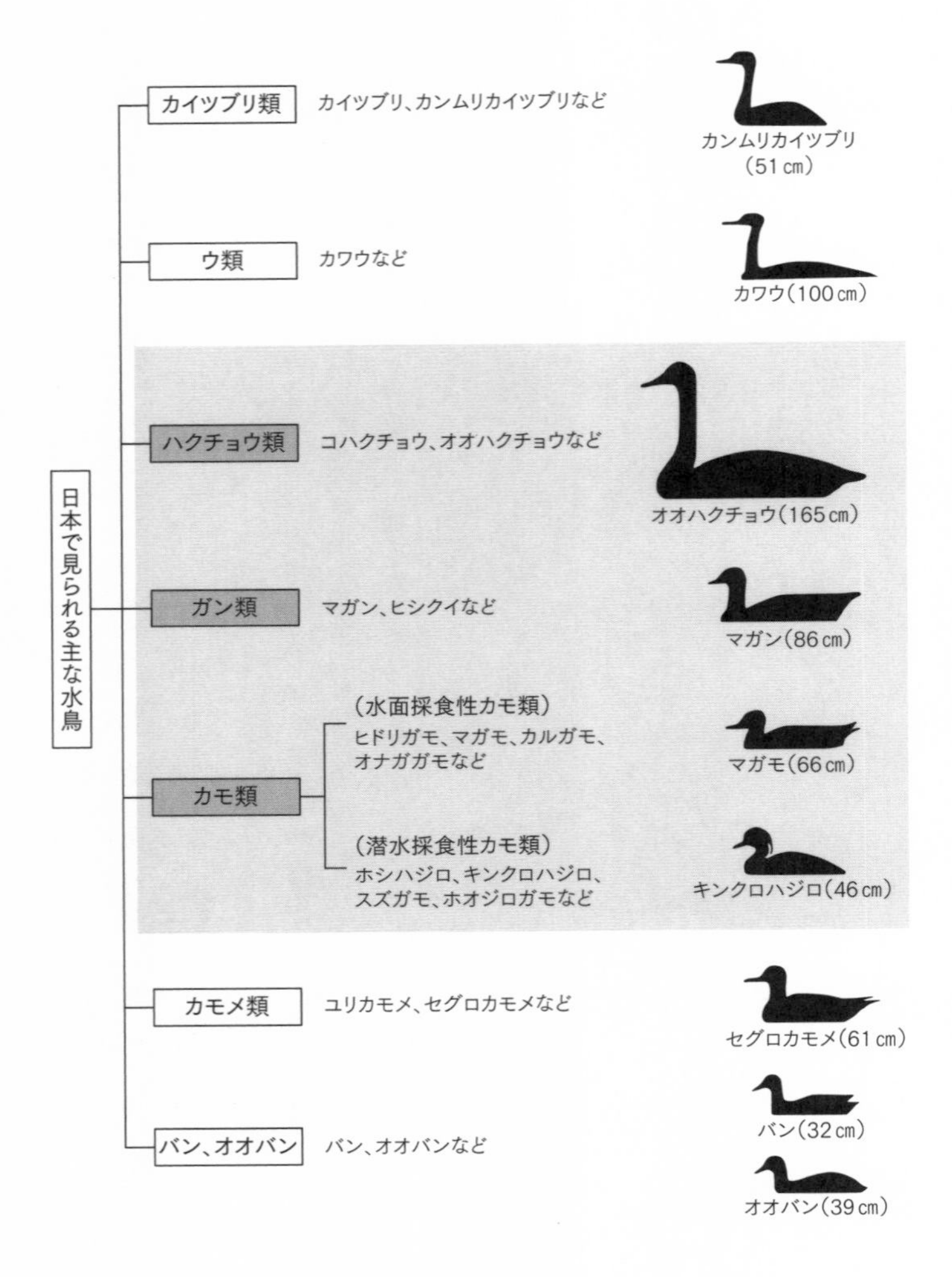

図2-11　水面に浮かぶ水鳥のシルエット
潜水性の鳥類には、尾羽が水面につく傾向がある（カイツブリ類やウ類、潜水採食性カモ類、バン類など）。潜らない種は、尾羽が水面につかず上に出ている。

が大きく膨らんでいるため、顔つきが少し悪く見えます。

体型の違い

都市公園などの小さい池では、カモ類を間近で観察することができますが、じつは、近くで観察できるのはむしろ例外で、ガンカモ類の観察ではほとんどの場合、広い湖沼や農地、海上など遠くにいる鳥を、双眼鏡や望遠鏡で識別することになります。識別の大きなヒントになるのがシルエットです（**図2-11**）。そして、そのシルエットにカモ、ガン、ハクチョウの体型の違いがよく表れます。

水辺で観察するときに、大きくて首が長ければ、ほぼ間違いなくハクチョウ類です。同じく首が長いながらもハクチョウ類より小さく、尾羽の位置（お尻の部分）が水面から上がっていれば、ガン類です。

食べる姿にも違いがあり、農地で採食をするハクチョウ類では、くちばしをできるだけ地面に水平につける必要があるため、長い首を湾曲させます（**図2-12**）。一方で、ついばみ採食するガン類には、そうした湾曲部はなく、おじぎをするような姿勢でひたすら採食します（**図2-13**）。ハ

図2-12
採食中のオオハクチョウ
首に湾曲部ができる。

クチョウ類と同じように、漉し取り採食するカモ類にも首に湾曲部ができますが、ハクチョウ類より首がずっと短いため、それほど大きな湾曲部にはなりません。

さらに水辺でガン類よりも小さく、首がほとんど見えずに頭と胸がくっついているように見えれば、それもカモ類です。カモ類のうち、水面採食性カモは、ガン類のように、お尻の部分が水面から上がっていますが、潜水採食性カモでは、尾羽が水面に近い位置にあり、そのシルエットは背中から水面にかけてきれいな流線形を描きます（図2-14）。

また水面から飛び立つとき、水面採食性カモはその場からすぐに飛び立つことができますが、潜水採食性カモは水面を蹴って助走をつけて飛び立ちます。それは体につく脚の位置が異なるためで、潜水採食性カモでは、水面採食性カモより脚が後ろについています。潜ったときに推進力を得るのには、脚が後ろにあった方が都合がよいのです。彼らは水中を自由自在に泳ぎまわることができる一方、陸上を歩くのは水面採食性カモよりも苦手です。

図2-14　カワアイサのシルエット
カワアイサのメス。潜水採食性カモであるカワアイサの背中はきれいな流線形を描く。（写真提供：麻山賢人氏）

図2-13　ついばみ採食するマガン
首に湾曲部ができない。（写真提供：狩野博美氏）

ところで、ガン類や水面採食性カモも短時間ではありますが、潜水することができます。伊豆沼の給餌場所では、オナガガモ（図2-15）の潜水行動を時々観察できますし、2羽のオジロワシ（図2-16）に交互に襲われていたマガモは、ワシが迫ってくるたびに水に潜って逃げていました。

このような体型の違いは、種を識別するための基本情報です。さらに、「尾が長い」「くちばしの基部に瘤がある」「頭がでこっぱち」など、もう少し細かな形態や行動の違い、鳴き声なども識別の参考になります。

保温性と防水性に優れた羽毛

羽毛は、鳥類の重要な特徴の1つです（第4章コラム「ガンカモ類豆知識2」参照）。羽毛の種類には、正羽と綿羽があります（図2-17）。羽軸、羽弁がしっかりした正羽は、体表面を覆っているほか、飛ぶために重要な風切羽や尾羽などもすべて正羽です。綿羽、いわゆる「ダウン」はその正羽の下にある綿のような羽毛で、はっ

図2-16　オジロワシ

図2-15　オナガガモ（オス）
カラー版は口絵p.4参照。

きりした羽軸をもたず、体温を保持するのに役立ちます。綿羽は、ガンカモ類などの水鳥でよく発達しています。ダウンジャケットには、ガチョウやアヒルなどの胸の綿羽がよく使われます。

コクガンやオナガガモなどの追跡調査で、送信機を鳥の背中に装着するとき、飛翔に支障がないように、できるだけ地肌に近いところにテフロンひもで慎重にくくり付けるのですが、その綿羽の重なりの厚さに驚きます。ガンカモ類はこうした何重にも重なった綿羽で保温性を高めています。しかし、時にこの高い保温性によって暑いと感じることがあるようで、伊豆沼・内沼では渡ってきた当初、日の出とともに飛び立ったマガンは、日中、沼の周辺に戻ってきます。気温との関係を見ると、気温の高い日ほど沼に戻ってくることが多く、さかんに水浴びをしています。

カモたちが潜ったり、水浴びしたりしている様子を近くで観察していると、体表面の水が玉になって落ちていきます。これは、体全体に脂が塗られているためです。背中側の尾の付け根には、「尾脂腺(びしせん)」（図2-18）と呼ばれる脂性の分泌物を出す腺があり、水鳥類

図2-18　尾脂腺
オオハクチョウのヒナの尾部に見られる尾脂腺（矢印）。（写真提供：斎藤峰好氏）

図2-17　オオハクチョウ幼鳥の綿羽（左）と正羽（右）

でよく発達しています。ガンカモ類は、羽づくろいのときにその分泌物をくちばしにつけ、体全体に塗ります。そのため、水をかぶっても羽毛に水が染み込まず、高い撥水性を保っています。ガンカモ類は、保温性と防水性に優れた羽毛をもっているのです。

一方、ほとんどの鳥では、くちばしと脚には羽毛がないため、そこから体温が逃げます。寒いときには保温性を高めるため、ガンカモ類は首を後ろに回して、くちばしを背中の羽毛に入れます（図2-19）。また、水面に浮かんでいるときは脚を出していますが、氷上や農地では、脚を脇腹の羽毛の中に入れます。すなわち、羽毛がない裸出部をすべて羽毛の中に入れて保温するのです。氷上で休息しているオオハクチョウを見ると、白い大きなラグビーボールが何個も転がっているように見えます。ただし、完全に寝ているわけでなく、時々目を開けて周囲への警戒を怠りません。

脚には冷たい血液が流れている

氷上に立っているオオハクチョウを見た人から、「脚は冷たくな

図2-19　氷上で休息するオオハクチョウ
くちばしを背中に、脚を脇腹の羽毛の中に入れている。

いのですか?」とよく聞かれます。捕獲調査のときにガンカモ類の脚を触ると、恒温動物なのに脚は意外と冷えています。冷たい物に人が触ったときに冷たいと感じるのは、温かい血液が手の指先まで流れているためで、手と触れた対象物間の温度差で「冷たい」と感じるのです。

ガンカモ類の脚にはいわゆる熱交換器があり、体内の熱が足先へ逃げていかないような特別なつくりになっています。体内の温かい血液は、そこで温度を下げて冷たい血液となって脚へ流れていくのです。一方、脚に流れる冷たい血液は、その熱交換器で温度を上げ、体内へ戻っていきます(図2-20)。すなわち、足先に近いほど冷たい血液が流れているわけで、氷に乗っていても、それに触れている足との間に大きな温度差はなく、人ほど冷たいと感じていないと思われます。

飛翔にも違いがある

ガンカモ類の飛翔は、カモ類と、ガン類やハクチョウ類とで異な

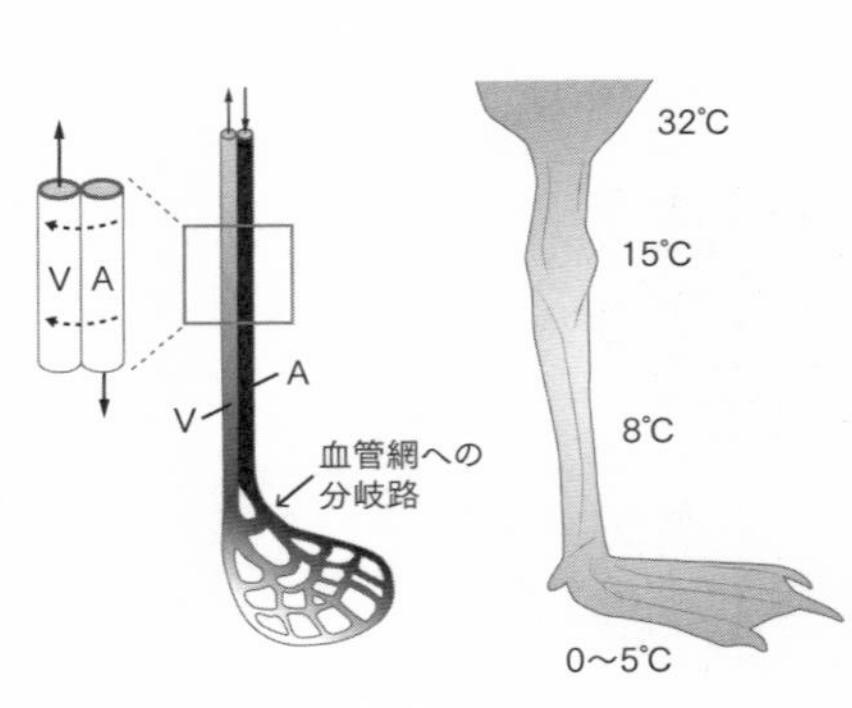

図2-20 鳥類の脚の血液の流れ
足先に向かって徐々に温度が下がっている。脚の体温低下を抑制するため、血流量によって足先からの熱の発散を調節している。A:動脈血、V:静脈血。

ります。ガン類やハクチョウ類がきれいなV字型の群れになって飛ぶ（図2-21）のに対して、カモ類はそういう形にならず、いわば団子状で飛行します（図2-22）。

V字飛行をつくるガン類では、羽ばたきによって翼の下方から上方へと流れる渦状の気流が、翼の先端から発生します。前を飛ぶ鳥の後方やや横側にいると、この渦状の気流が生み出す上昇流にうまく乗ることができ、エネルギーを節約して飛べます。その節約効果は15％ほどにも達します。同じように何羽も連なると、それがV字型をつくることになるのです。

ガン類やハクチョウ類のほかに、ガンカモ類ではありませんが、ペリカン類などもV字飛行をします。これらの鳥に共通しているのは、翼が長く大きく、体が大きいという特徴です。こうした鳥は、1回の羽ばたきにつき、大きな翼をわずかな角度しか動かさないことで、後方にきれいに流れる気流の渦をつくることができます。

一方、体の小さい鳥は、上下に大きな羽ばたきをします。翼が小さいため、もともと十分に大きな渦の流れをつくることができない

図2-22　カモ類の団子状飛行
（写真提供：狩野博美氏）
カラー版は口絵p.8参照。

図2-21　マガンのV字飛行
（写真提供：狩野博美氏）
カラー版は口絵p.12参照。

上、大きな羽ばたきによって渦が拡散するために、他の個体はそれを利用することができません。カモ類はこうしたタイプの鳥で、ガン類やハクチョウ類のようなV字型での飛行はせず、団子状になって飛行します。

V字飛行する鳥の場合、前述のことから、先頭の個体が一番大変で体力を使うと考えられています。沼と農地の間を行き来するマガンの群れを観察していると、先頭の個体が入れ替わることがよくあり、先頭は大変だから、楽に飛べる後ろに回り込みたいのだろうと考えていました。

しかし、マガンの４家族すべての個体にＧＰＳ送信機を付けて、春の渡りを調べた最近の研究では、親（特にオス親）がV字飛行の先頭に立つことがわかりました。家族のなかでは、親が苦労の多い先頭を飛び、子どもたちの負担を軽減することで、その生存率が上がります。それによって親の適応度*が上がると考えられています。

また、沼と農地の間を行き来する越冬期の短距離移動と、渡りのような長距離移動では、同じV字飛行でも成鳥や幼鳥それぞれの個体の飛ぶ位置は違うのかもしれません。

＊**適応度**　生物がどれだけ多くの子孫を次世代に残せるかの尺度。「繁殖成功度」とも呼ばれ、ある個体がその生涯で生んだ子のうち、繁殖年齢まで達した子の数を、その間接的な指標として示すことが多い。

一年の暮らし

●渡来

ガンカモ類は、秋になると日本に渡ってきます。一口に「秋」といっても種によって渡ってくる時期にかなり幅があり、たとえばコガモなどは、夏の盛りを過ぎた頃には姿を見せ始め、お盆を過ぎた8月下旬頃から次第に増えていきます。

ガン類のなかで最も早く渡来する亜種オオヒシクイ（図2-23）も、その頃に北海道北部のサロベツ原野などから飛来確認の第一報が届きます。そして秋が深まるにつれてどんどん数を増し、池沼や河川などは、ガンカモ類で賑やかになってきます。

ところで、日本で越冬するヒシクイには、オオヒシクイ *Anser fabalis middendorffi* とヒシクイ *Anser fabalis serrirostris* の2亜種がいます。種、亜種ともにヒシクイという名称が使われているため、本書では以後、種ヒシクイを「ヒシクイ」、亜種オオヒシクイを「亜種オオヒシクイ」、亜種ヒシクイを「亜種ヒシクイ」（図2-24）と

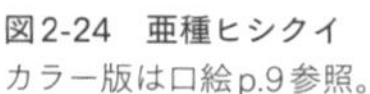
図2-24　亜種ヒシクイ
カラー版は口絵p.9参照。

図2-23　亜種オオヒシクイ
（写真提供：高橋佑亮氏）
カラー版は口絵p.9参照。

します。種ヒシクイのなかに、亜種オオヒシクイと亜種ヒシクイが含まれます。

●身を守るための群れ

ガンカモ類が冬を乗り切るために重要なことは2つ。捕食者からいかに身を守るかということと、いかに多くの食物を食べるかということです。キツネやワシなどの捕食者から身を守るためにガンカモ類がとっている方法の1つは、群れをつくることです。群れをつくることによって、周囲を見る目の数を多くして、いち早く捕食者を見つけるのです。そのため、彼らは見通しのよい平地や水面を好みます。

農地でマガンの群れを観察していると、首を上げている個体が必ずいます。周囲を警戒している個体です（図2-25）。それらの個体が、群れのなかで占める位置、およびそこでの幼鳥と警戒している個体の割合を調べると、群れの中央よりも端の方で、ともにその割合が高いことがわかりました。

マガンは家族を中心に暮らしています。複数の家族や繁殖していない若

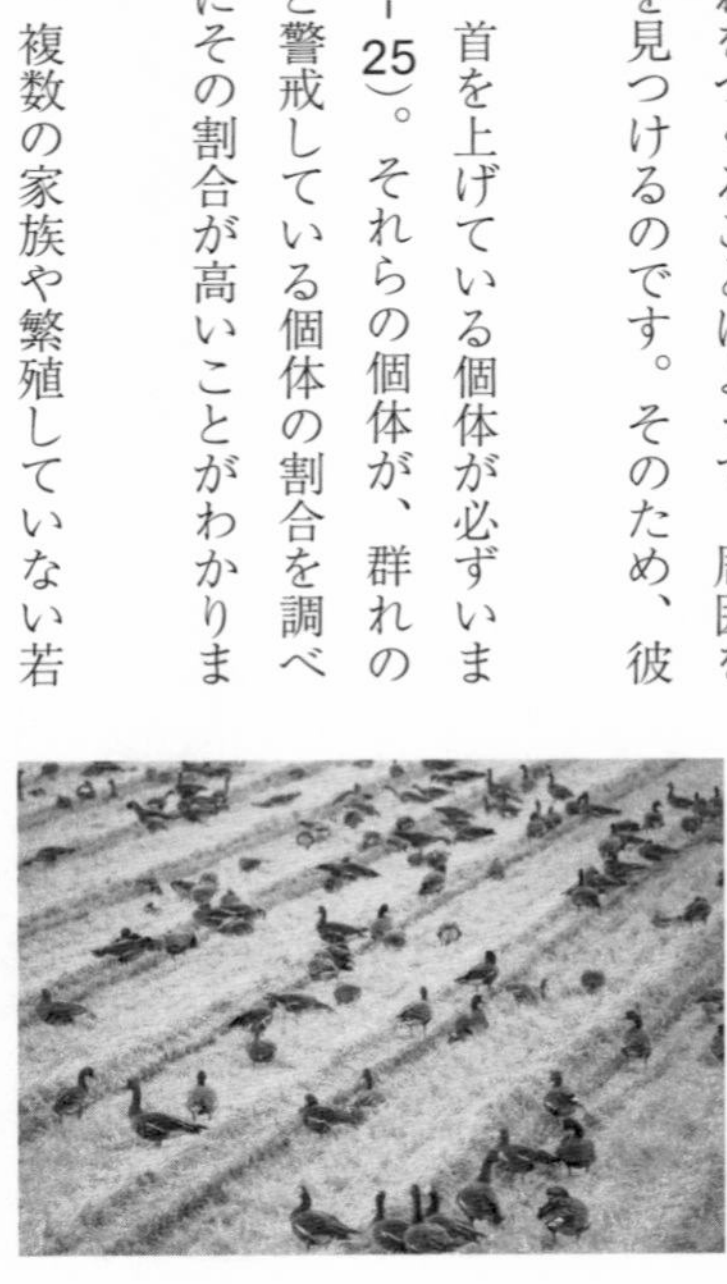

図2-25　マガンの群れ
首を上げて警戒している個体が必ずいる。

鳥など単独個体が混じりあって構成される群れにおいて、端の方で幼鳥の割合が高いということは、すなわち、家族が端の方に多く集まっていることを意味します。そして子の数が多くなるにつれて、その家族の親の警戒時間は増え、子は家族の大小にかかわらず、警戒している親のそばでひたすら採食しています。すなわち、群れの端にいる大家族の親ほど警戒心が強くなり、その群れ全体の警戒性を高めるのに貢献しているのです。

●ねぐらの安全性

夜を過ごすねぐらでも、見通しのよさは重要で、マガンは障害物のない開放水面*をねぐらにします。しかし、伊豆沼・内沼では、ハスが水面を覆う面積が年々広がっており、2014年には水面面積の85%を占めるまでになりました。マガンは、見通しの悪くなるハス群落のなかではねぐらをとらないため、ハスの拡大がマガンのねぐら場所を減らす可能性があります。

そこで、UAV（無人航空機、通称ドローン）を用いて、ハス群落内部、周縁部、ハスのない開放水面の撮影を行い、どのくらいの数のマガンがねぐらとして沼を利用できるか、その環境収容力を評価しました。ねぐらに

*開放水面　本来は、船などが航行可能な広い海域のことを示すが、ここでは海に限らず沼や湖を含む、植物などに覆われていない広い水面を指す。

いるマガンを地上から望遠鏡で見ると、黒い帯状に見えます（図2-26）。しかし、UAVで上から見ると、個体ごとに一定の間隔を保って分散していて、その個体間距離は1・3mほどです（図2-27）。これは、マガンの翼を広げた大きさ（約1・5m）と同程度です。水面で羽ばたきをしたときにお互いの翼がぶつかりにくい距離をとっているのでしょう。

この個体間距離と個体数から、ねぐらとしてマガンに必要な水面面積を推定したところ、調査時のねぐら個体数である11万羽が必要とする水面面積は、ハスのない開放水面の30％程度でした。これによりハスが多くても、マガンのねぐらとしての伊豆沼・内沼にはまだまだ余裕があることがわかって、少し安心しました。

伊豆沼・内沼のような大きな湖沼では、堤防から離れて湖心に近いところに移動すれば、捕食者は近づけず、人の影響もほとんど受けません。一方、都市の公園にあるような小さい池では、面積が小さい上、周囲に遊歩道や橋などがあることが多く、捕食者や人による妨害を受けずに安全なねぐらを確保する困難がより増します。

図2-27　UAVで上から見たマガンの群れ
（写真提供：神山和夫氏）

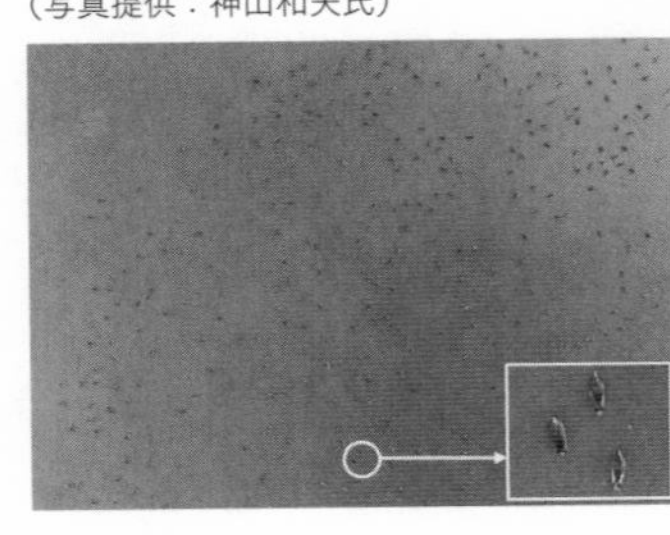

図2-26　朝、飛び立ち前のマガン

私は、千葉県北西部の市街地にある26カ所の池で越冬するカモ類を対象に、「安全範囲」という考え方に基づいて、池のカルガモにとっての安全性を測り、カモ類の個体数との関係を調べました。「安全範囲」は、次のように定められます。初めに、調査地域で最も多く見られる優占種であるカルガモへの「接近実験」を行います。この実験で、カルガモの群れに近づいたときに逃げ始めた最初の個体と、調査者との距離を計測していくのです。その距離はおよそ30mでした。そこから、遊歩道など、人が進入できる池の周囲エリアから池の中心に向かって30m距離をとった分の面積を池の全面積から除いた範囲を、安全範囲として定義したのです。

さらに水面採食性カモと潜水採食性カモに分けて、それぞれの個体数と池の全面積、安全範囲の面積との関係を見ると、水面採食性カモは安全範囲の面積が大きい池、すなわち安全な池ほど多かったのです。一方で、潜水採食性カモではそうした関係は見られませんでした。

水面採食性カモは、基本的に池をねぐらとして利用しますが、潜水採食性カモは、日中でも採食場所として池を利用します。潜水採食性カモでは、池を選ぶときに食物資源量も重要な要因となるため、安全性のみに影響されなかったのだろうと思います。

●湖沼の凍結期は要注意

安全なねぐら場所も、気象条件によって安全でなくなる場合があります。宮城県の伊豆沼・内沼は、最寒月である1月の平均気温が0度で、湖沼が凍結しにくい地域の北限に位置します。凍結してしまうと、普段は水があることで入ってこられないキツネなどの哺乳類が氷上を歩いて沼に侵入できるようになるため、凍結しにくいことはねぐらとして重要な条件です。

それでも1月の大寒の頃には、しばしば凍結することがあります。ただし沼全体が完全に凍結することはなく、沼の所々に穴ができ、氷のない開放水面ができます。これはマガンのねぐらのあった場所で、私たちはこれを「鳥穴(とりあな)」と呼んでいます(図2-28)。ねぐらで浮かぶマガンは、水面下で脚を動かしているため、水が常に動き、そこだけ凍結しにくいのです。

マガンがねぐらから飛び立った後に、その鳥穴を利用するのがカモ類やハクチョウ類です。いつでも水面に逃げられるように、彼らは鳥穴の縁に沿って休息します。そして氷上に立ち、遠くから自分たちを見つめている

図2-28　鳥穴

天敵であるオジロワシをいつも警戒しています。

凍結によって安全な開放水面が減るのは、ガンカモ類にとっていいことではありませんが、カモ類にとっては少しだけいいこともあります。オオハクチョウは、イヌの糞と見間違うような大きな繊維質の糞をするのですが、沼が凍結しているときには、それが氷上に溜まります。マガモなどのカモ類は、このオオハクチョウの糞を食べるのです。カモ類にとって厳寒期の貴重な食物資源なのかもしれません。

このように、ガンカモ類は捕食者から身を守るため、群れをつくることを基本とし、越冬地のさまざまな環境に対応して冬を乗り切ります。もう1つの重要な課題である、「いかに多くの食物を食べるか」については、第5章「越冬地での暮らし」で詳しく述べます。

●つがいの形成

さて、カモ類には越冬期にすべき、もう1つ大切なことがあります。それは「つがい形成」です。ガン類やハクチョウ類は一夫一妻で、同じ相手と一生つがいますが、カモ類は、基本的に冬のたびにつがい形成*をして、

*冬のたびにつがい形成　仲睦まじい夫婦をさす言葉に「おしどり夫婦」というものがあるが、オシドリも冬のたびにつがい相手を替えるカモ類に属し、それに従う。しかし、近年ドイツにおける標識個体の追跡研究で、オシドリのつがい関係が複数年継続した例も報告されている。

新しい相手を見つけます。みなさんは、水辺で1羽のメスの周りに繁殖羽になったきれいなオスたちが集まって、ダンスのような動きをしているところを観察したことはないでしょうか。

これは、オスがメスにアピールする求愛行動で、この行動を通じてオスはメスに選ばれ、つがいになるのです。つがいになったオスとメスは、常に行動を共にします。越冬後期のカモ類の群れをよく見ると、つがいになったオスとメスの距離は近く、ほかのつがいや個体とやや距離を置いているのがわかります。

1973年にノーベル生理学・医学賞を受賞した有名な科学者コンラート・ローレンツは、この求愛行動を仔細に観察しています。動物が見せる特有かつ典型的な行動をまとめたカタログを、「エソグラム」と呼びます。ローレンツは、求愛時のカモ類やガン類のオスが見せる動き、声などをもとに種ごとに求愛行動のエソグラムをつくり、種ごとに共通のもの、異なるものを整理しました。

ひとくくりに「カモ類」「ガン類」などと呼んでいますが、形態的特徴などに基づいた「属」という名称によって、カモ類は「マガモ属」「スズガモ属」、ガン類は「マガン属」「コクガン属」などのようにもう少し細かく分けられます。ローレンツは、属レベルの形態の違いと求愛行動の様式の対応関係を論じただけでなく、同じ属に含まれる種の求愛行動の様式が似ていることを示しました。

●春の渡りと秋の渡り

冬を乗り越えたガンカモ類は、春になると渡りを開始します。渡りの最初のスイッチは日長時間*です。冬至を過ぎて日長時間が次第に長くなってくると、渡りの衝動が高まってくるようなガンカモ類のざわめきを、なんとはなしに感じられるようになります。気温の上昇がその衝動に拍車をかけ、マガンなどでは、例年2月上旬に見られる北帰行が、暖冬の年には最寒月であるはずの1月中旬から始まることがあります。

越冬地である伊豆沼・内沼のマガンの群れにとって、渡りの次の中継地は秋田県八郎潟(はちろうがた)などですが、移動の大きな障害となるのは積雪です。向かった先で積雪が多いと採食できないためです。しかし、暖冬で中継地に積雪がなく食べることに支障がなければ、早めに伊豆沼を渡去してしまうので

*日長時間　日の出から日没までの間のこと。日照時間とは別語で、日照時間は直達日射量が1㎡当たり120W以上ある時間のこと。

す。

伊豆沼・内沼で雪が溶けて暖かくなったからといっても、次に向かう八郎潟に雪がないとは限りません。その場合どうしているのでしょうか。じつは群れのなかにはいわゆる「先遣隊（せんけんたい）」がいて、彼らは向かった先で積雪が多かったり、寒波が再びきて積雪が増えたりすると戻ってきます。こうして行きつ戻りつしながら、雪解けとともにガンカモ類の春の渡りは進み、一番遅くまで残っているのはカモ類です。

一方、秋の渡りでは寒さに追われて南下するため、向かう先はより暖かく、積雪のような気象条件の影響は受けません。オオハクチョウでは、春の渡りではゆっくりと中継地を北上していきますが、秋の渡りではロシアのサハリンから伊豆沼・内沼まで直行して渡ってくる個体もいます。

ガンカモ類は、さまざまな経路を移動して極東ロシアなどの繁殖地へ渡り、主に5〜9月にかけて繁殖地で過ごします（渡りや繁殖地での暮らしについては、それぞれ第3、4章で詳述します）。そして秋になると再び越冬地へ帰ってくるのです。

●意外と長寿なガンカモ類

観察会で多い質問の1つに、「ガンカモ類の寿命はどのくらいですか？」というのがあります。毎年秋と春に長距離の渡りを行い、寒い冬を過ごしている姿を見ると、どのくらい生きるのだろう、という疑問が生じるのだと思います。

1961～2017年における鳥類標識調査では、標識されてから回収までの種別の最長生存期間が、オオハクチョウで23年、コハクチョウ（**図2-29**）で19年、マガンで11年、ヒシクイで21年、マガモで12年、オナガガモで23年、ホシハジロで17年、キンクロハジロで16年となっています。

これは、生まれてから死ぬまでの実際の寿命ではなく、また「最長」の記録であることにも注意する必要がありますが、ガンカモ類は少なくとも十数年を生きる能力はあると考えられます。海外の例ですが、飼育下のマガンで47歳まで生存した記録もあります。野生と異なり、飼育下においては数千kmにも及ぶ渡りという過酷な試練がなくなった分、野生個体より寿命が延びたのかもしれません。

図2-29　コハクチョウ
（写真提供：麻山賢人氏）
カラー版は口絵p.13参照。

●標識鳥コクガン43番の渡り

本章の最後に、ガンカモ類の一年の暮らしぶりを皆さんにイメージしていただくため、2020年1月25日に、宮城県志津川湾でGPS送信機とカラーリング43番を装着された、コクガン幼鳥の旅を紹介します（図2－30～32。以下、この鳥を「43番」と呼びます）。

43番は、2020年の冬を、捕獲地である志津川湾の泊浜（とまりはま）漁港周辺で過ごした後、5月1日に三陸海岸南部沿岸を出発しました。その後、国後島南部を経由してオホーツク海を縦断し、海上で時々休みながら、平均時速50～80km、最大時速109kmほどの速度で移動しました。オホーツク海北部沿岸を中継後、43番はロシア内陸部のチェルスキー山脈を越えます。このとき、3400m近くまで高度を上げていました。その後、コリマ川中流域に沿って北上し、7月12日にノヴォシビルスク諸島のファデエフスキイ島に到着しました。この島は、志津川湾から直線距離で4200kmの位置にあります。

43番は、幼鳥なので繁殖はしません。この島で何をしていたので

図2-30　コクガン43番
左：出発前の姿（2020年3月6日）、右：帰ってきた後の姿（2020年12月6日）。（右の写真提供：谷岡 隆氏）右写真のカラー版は口絵p.11参照。

しょうか。それは換羽です。ガンカモ類は、飛ぶために必要な複数の風切羽が一度に抜けるため、2週間ほど飛べなくなり、その前後を含めて1カ月ほど特定の湖にとどまります。データを詳細に見ると、7月中旬から8月中旬にかけてファデエフスキイ島中央部に、43番の位置情報が集中して

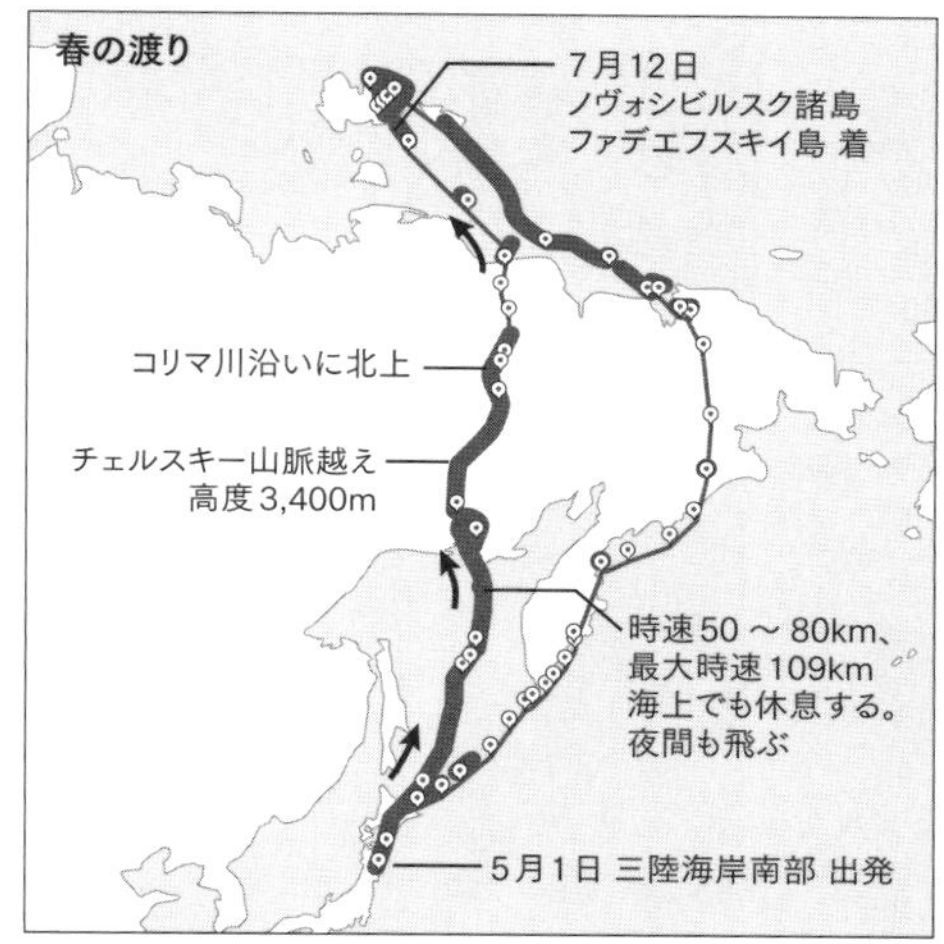

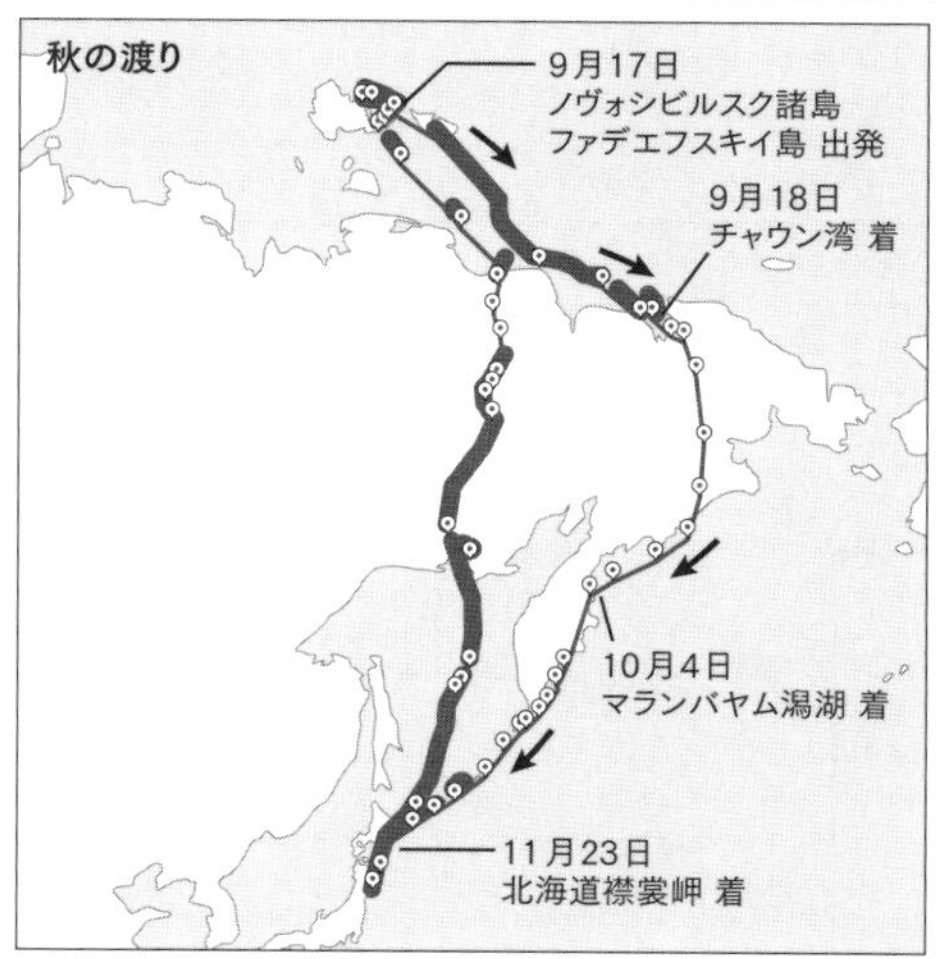

図2-31　コクガン43番の渡り
各点はGPSデータが記録された地点を表す。使用したGPS送信機では、標識鳥が一定以上の速度で飛行し続けると短い間隔でGPSデータが取得されるようになり、地図にはその部分が太い線で表される。よって太い線のところは、43番が海面や地面に降りずに休まず飛び続けていたことを示す。

いる湖がありました（図２－32）。換羽で飛べなかった時期を、43番はその湖で過ごしていたのでしょう。

秋の渡りの開始は9月17日でした。43番はその日にファデエフスキイ島を出発しますが、渡ってきた道を戻らずに東へ進みます。北極海を1日で越えて、次の日にはチャウン湾に到達しました。その後ロシア内陸部を南下し、カムチャツカ半島東海岸に到達し、マランバヤム潟湖を中継しました。その後、千島列島沿いに南下し、11月23日には北海道襟裳岬まで戻ってきたのです。

渡り前には、幼羽で幼い顔をしていた43番ですが、帰ってきたときには成鳥羽になったたくましい姿を見せてくれました（図２－30参照）。たった1羽の例に過ぎませんが、私たちに鳥の渡りの醍醐味を伝えてくれます。

図2-32　コクガン43番が換羽したと思われる湖（ファデエフスキイ島）
各点はGPSデータが記録された地点を表す。7月12日～8月12日の長期にかけて、囲み部分の湖に位置情報が集中し、移動していなかったことから、換羽地である可能性が高いと推察された。左下の図は囲み部分の拡大。

第3章

ガンカモ類の渡り

ガンカモ類の渡り研究の歴史

●足環、首環による標識調査

　ガンカモ類に限らず、鳥の移動や渡りを調べるためには、鳥に標識をする必要があります（第３章コラム「ガンカモ類 豆知識１」参照）。カモ類やハクチョウ類の渡りでは、山階鳥類研究所による足環を用いた長期間の標識調査によって、多くのデータが蓄積されてきました。体の大きなガン類やハクチョウ類では、足環だけでなく、首環が付けられることもあります。なかには、オナガガモのように１０００を超す国内放鳥、外国回収の例もあります。「回収」とは、再捕獲されたり、または事故や寿命で死んだ鳥が拾得されたりして標識番号がわかることです。その番号がわかれば、いつどこで放鳥された何という鳥か、標識され放鳥されたときに記録された性別、年齢といった情報がわかる仕組みになっています。

　点と点を結ぶことで、その鳥が「どこからどこへ移動したのか」「どこで越冬し、どこで繁殖をするか」など、その移動の様子を見ることができます。たとえば、１９５０年代から２０００年代前半にかけてのオナガガモの標識データを見ると、極東ロシア（図3－1）のチュコト半島で繁殖する個体のうち、北アメリカで標識されたものが130羽、日本からのものは905羽が回収され、チュコト半島では、太平洋をはさんだ北アメリカ、そして日本からそれぞれ渡ってきた群れが混ざっていることがわかりました。

ガン類では、1980年代にカムチャツカ半島で「日本雁を保護する会」によって日本・ロシア共同でのヒシクイの標識調査が開始され、1981年から2001年に、ロシアで200羽以上のマガン、1000羽以上のヒシクイなどが標識されました。

ガン類に付けられる首環は、種や放鳥された国によって色が異なります。また、首を水面下に沈めているとき以外は、どのような姿勢でも見えるため、観察者が見つけやすく、刻印された文字も判読しやすいように工夫されています。鳥を回収しなくても

図3-1　ロシアにおける極東ロシア（極東連邦管区）の位置

観察による個体識別が可能なため、足環に比べると多くの標識データを集めることができます。多くの観察者から寄せられた標識データをもとに、同じ番号のデータをつなげることによって、種ごとに国内での移動ルートや繁殖地とのつながりがわかってきました。

●電子機器を用いた追跡調査

1990年代に入ると、ガンカモ類の渡りを調べる衛星追跡が始まりました。この衛星追跡技術の導入によって、標識個体同士の点と点のつながりだったものが、線で移動経路を描けるようになりました。この技術は、送信機を鳥に装着し、そこから発せられた電波が宇宙空間に浮かぶ人工衛星によって受信されることで、鳥を追跡できる技術です。これまでも極超短波（UHF）を用いた無線送信機によって、移動を調べる調査がありました。しかし、この方式では受信できる範囲に限りがあるため、一定範囲の行動しか追跡できず、長距離の渡りを調べるには、衛星送信機の登場を待たなくてはなりませんでした。

衛星追跡で鳥の位置を特定するためには、アルゴスシステムと呼ばれるデータ処理体系が利用されます。鳥に装着した送信機から一定の周波数をもつ信号が発信され、その信号が人工衛星によって受信された後、地上局を経由して情報処理センターに転送されます。そして情報処理センターで送信機の位置を推定し、インターネット回線を通じて利用者に位置と日時の情報が提供される仕組みです（図３－２）。

現在、さまざまなタイプの追跡機器が登場し、研究目的に応じて利用されています。衛星通信や無線通信を用いた追跡のほかに、携帯電話通信を用いた送信機、あるいは無線通信と携帯電話通信とを組み合わせた送信機による追跡があります。また、いずれのタイプの送信機にも、ＧＰＳなどの座標を測定する受信機を搭載したものがあり、位置精度が誤差数ｍにまで向上しています。ＧＰＳ受信機を搭載していない初期の衛星送信機では、人工衛星や送信機の諸条件によって、位置精度に数百ｍほどの誤差がありました。しかし、何千㎞にも及ぶ長距離の渡りを調べる調査では、その程度の誤差は

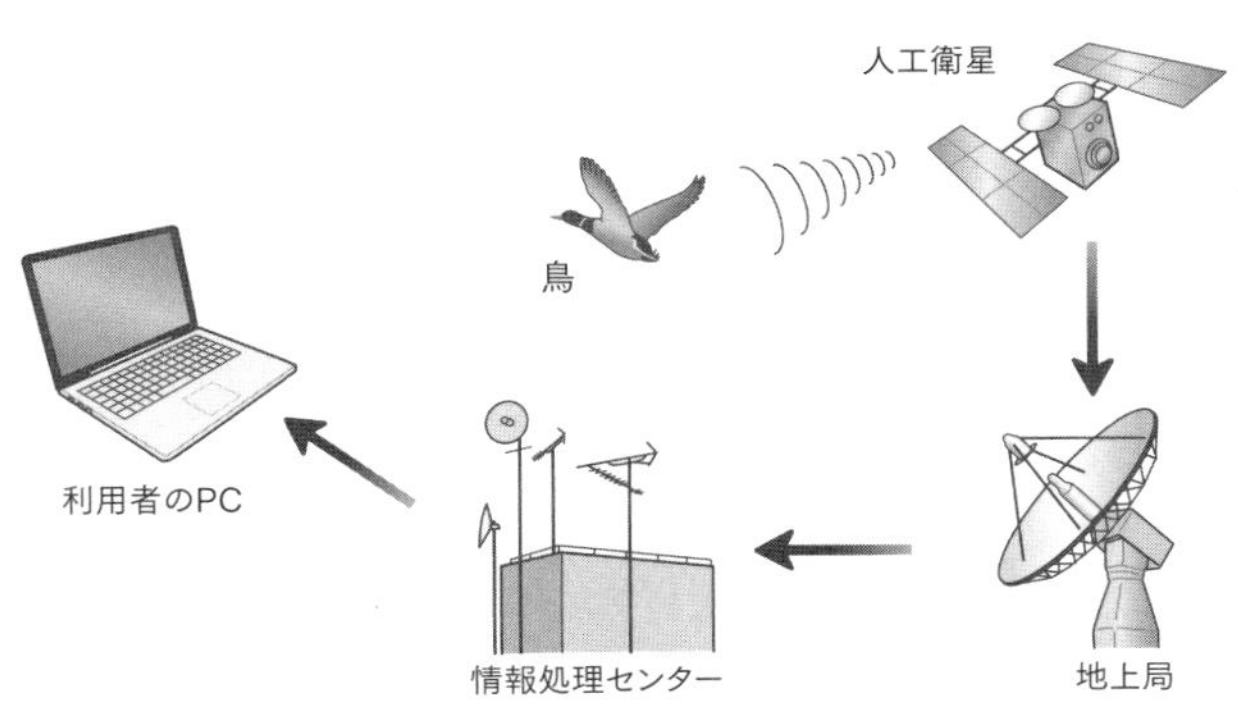

図3-2　衛星送信機による追跡調査のイメージ

大きな問題とはなりません。

アルゴスシステムが、地球上のどこにいてもリアルタイムの位置を測れる（測位）のに対して、携帯電話通信では、鳥が移動して携帯電話網の圏外にいるときにはデータを送信できません。しかし圏外であっても、内蔵されたGPS受信機によって位置情報は測位され続けており、送信機内のメモリに蓄積されます。そして鳥が再び携帯電話網の圏内に入ると、蓄積された圏外での位置情報データがまとめてデータセンターへ送信されることにより、研究者はその個体の移動軌跡を取得できます。

GPS受信機の搭載による位置精度の向上は、その正確な位置情報によって、渡り経路の解明以外にも越冬地や中継地などの生息地における環境選択*を詳細に解析したり、位置情報の分布によって、保護区の設定に向けた基礎情報を提供したりすることなどを可能にしています。そのほか、装着された個体の飛翔高度や体温、心拍数など計測するセンサなども搭載されるようになり、追跡機器の進歩によって得られる情報量が増え、それにともなって渡りの謎の解明が進んでいます。

GPS受信機を搭載した送信機には海外製のものが多いなか、数少ない

*環境選択　生息地において鳥がどのような環境を使用しているか。

日本製の送信機が、㈱数理設計研究所によって開発されている、無線通信を用いたGPS－TXです。この送信機は内蔵するGPSで測位したデータを無線で受信局へ送り、それにより研究者は鳥の位置を把握できます。平地では、受信局から半径十数kmの受信範囲をもち、ねぐらとその周辺の開けた農地で活動するガンカモ類の動きを知るには有効な方法です。伊豆沼・内沼では、GPS－TXを利用したカモ類、ハクチョウ類の追跡を行い、越冬期の行動を明らかにしました。

東アジアのなかでは、日本でこうした追跡が最も早く始まり、これまで9種のガンカモ類が追跡されました。近年、中国をはじめ、韓国やモンゴルなど、東アジア各国でも衛星追跡やその他の手法によるガンカモ類の追跡がさかんに行われています。

困難な捕獲

●餌づけ作戦

鳥に追跡機器を装着するために避けて通れないのは、しかるべき法的許可をとった上で、鳥を捕獲することです。追跡調査のためには捕獲できなければ何も始まりません。小鳥の場合は、ターゲットとなる個体の巣やねぐらの近くに、特別に許可を得たかすみ網を張ることによって、捕獲することができます。

ガンカモ類には、オナガガモのように餌づけ*にくる種もいますし、鳥のなかでも観察しやすい身近なイメージがあるため、一見すると捕まえやすいように思えます。しかし実際はそうではなく、野生の鳥はあくまで野生の鳥で、捕獲に困難を極めることもあります。

私は伊豆沼・内沼で、オオハクチョウとオナガガモの捕獲および衛星送信機装着を行ったことがあります。オナガガモなどは餌づけされている場所では、餌を何も持たずに近づいても、車から降りた人に餌を求めて寄っていくほど人馴れしています。こうした鳥であれば、いろいろと捕まえる術（すべ）があります。しかし、1、2羽といった少数でなく、まとまった数を無双網*などの方法で捕獲するためには、それなりの工夫が必要です。

捕獲1カ月くらい前から、ダミーの網や道具を設置し、毎日くず米などを撒いて餌づけして鳥を慣らします。人馴れしているオナガガモであっても、見慣れない異物に対しては敏感で、捕獲直前に網を設置しても警戒し

＊**餌づけ**　人の与える餌で、動物を慣らしてなつかせること。

＊**無双網**　引き綱（ロープ）をひくと、テコの原理で網がひっくり返って鳥に覆いかぶさり、射程に入っている鳥を一網打尽にする捕獲方法（左図参照）。網の大きさは対象種や設置場所の状況、捕獲予定数によって変わる。

て寄ってこないからです。そのため、前もってダミー網を設置して、私が毎日同じ時間、同じ服を着て餌づけに行き、慣らしておくのです。

こうして十分に慣らしていても、本番ですぐに捕獲できるとは限りません。捕獲当日、いつも通りに餌を撒いたのに、昨日までは餌を撒き終えて車に乗り込む頃にはワーッと集まって食べていたカモたちが、その日に限って餌に寄ってこないということもあります。昨日とまったく同じ時間、方法なのに……。

この調査は、東京大学の樋口広芳先生の研究室とアメリカ地質調査所（ＵＳＧＳ）との共同研究でした。車の中や電柱の陰から研究者たちがじっとカモたちの様子を注視している、鳥たちはきっと、そのあやしげな視線、そして殺気を感じたのだと思います。それでも餌の誘惑には勝てなかったようで、しばらくすると、「お前行け、いや、お前が先だ」みたいな押し合いへし合いを繰り返しながら餌を食べ始めました。十分な数が射程範囲に入ったところで、網を展開して捕獲に成功しました。

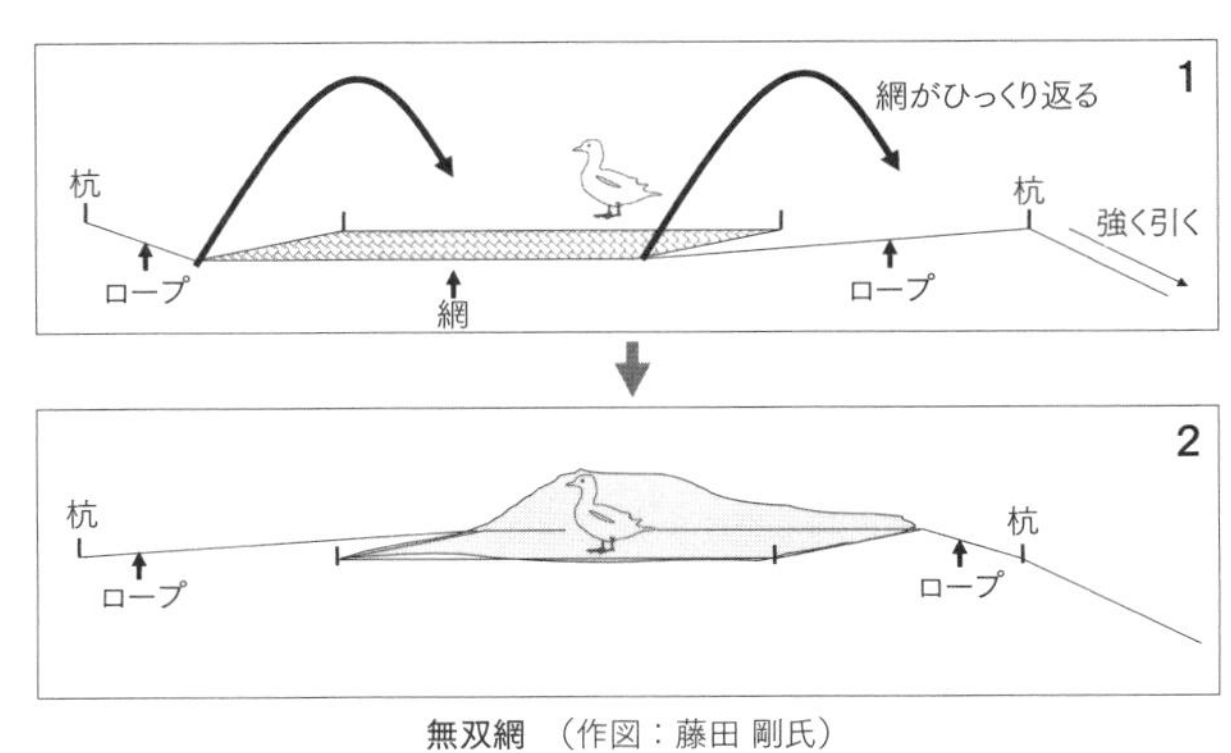

無双網　（作図：藤田 剛氏）

●水飲み場作戦

餌づけにこない鳥の捕獲は困難を極めます。三陸海岸南部沿岸で越冬するコクガンを調査対象にしたことがあります。沿岸域を生息地とするコクガンは、2011年に東日本大震災による大規模な環境改変を受けました。しかし、コクガンの個体数は、震災前後で大きな変化はなく、震災前の主な採食場所だった沖合の養殖筏(いかだ)が消失したため、地盤沈下した漁港を新たな採食地としました。地震によって岸壁が沈下して潮間帯(ちょうかんたい)*となり、その沈下岸壁にコクガンの食物となる海藻が付着したのです。漁港では、すぐ近くでコクガンを観察できます。「これはいける」と思って、特別な許可を得て漁港に無双網を設置して捕獲を試みたのですが、完全に網を警戒されてしまい、射程範囲どころか網にすら近づいてくれず失敗しました。

しかし観察を続けている間に、コクガンが真水を飲む行動を発見しました。砂浜に流れ込む小さな川や河川の河口で真水を飲むのです。その飲水行動をよく観察できる砂浜に、監視カメラを設置したところ、日の出直後から午前中にかけて三々五々この場所へ飛来し、真水を飲むことがわかり

*潮間帯　潮の干満によって、干上がったり海水に浸ったりする場所。

ました。漁港で海藻を採食するコクガンにしてみれば、無双網のある、危険な漁港に行かなくても採食場所はいくらでもあるのです。一方で、真水を飲む場所は限られているため、真水を飲むためには必ずそこに行かなくてはなりません。

このコクガンの執着する場所を発見したのは大きな前進でした。最終的にはこの飲水場所に無双網を設置して、日本で初めて9羽のコクガンの捕獲に成功しました。しかし、成功に至るまで、2年にわたって3回の調査が必要でした。最初は漁港で失敗、2回目は飲水場所で行ったものの、波の力で網をしっかり固定できなかったり、厳しい寒さで網が凍ったりするなど想定外のことが重なって失敗、そして3回目、それも最終日での成功でした。2年間、プレッシャーにさいなまれましたが、お詫びに行った助成先から研究の継続をなんとか承認いただき、研究チームの強い団結力に支えられ、ようやく成果を上げることができました。

追跡装置（送信機）の装着

捕獲後は鳥体のさまざまな計測をし、送信機を装着します。送信機は首や尾羽に直接装着したり、首環標識に接着したりします。また、背中に背負わせるように装着するハーネス法[*]もあります。飛翔など鳥の行動に影響しないように、ハーネス法で装着するには熟練の技が必要で、誰でもすぐにできるわけではありません。送信機に縫い付けて固定するナイロン糸は2〜3年で劣化・摩耗し、送信機もそれと同時に鳥体から脱落するため、装着したら生涯そのままということはありません。

また、装着器具を含めた送信機の重量は、鳥類では体重の4%以下であることが望ましいとされています。たとえば、オオハクチョウだと体重が約10kgなので、送信機は400g程度まで、300gのコガモだと12g程度までがその目安となります。もちろん軽ければ軽いほど、鳥への負担は少なくてすみます。

ガンカモ類の渡り研究では、さまざまな工夫による捕獲、鳥にできるだけ影響の少ない送信機の装着方法の開発など、長年にわたる研究が続けられてきました。ガンカモ類に限りませんが、論文を読めば数行ですんでしまうことでも、そのことを書くために、ときには数年にわたる努力が必要なこともあります。どの研究者も、試行錯誤を続けながら地道に研究を続

＊ハーネス法　送信機を鳥の背中に置き、2本のテフロンひもを肩からまわして腹部で交差させた後、再び背中側にまわし、そこにナイロン糸で送信機を縫い付けて固定する（左図参照）。

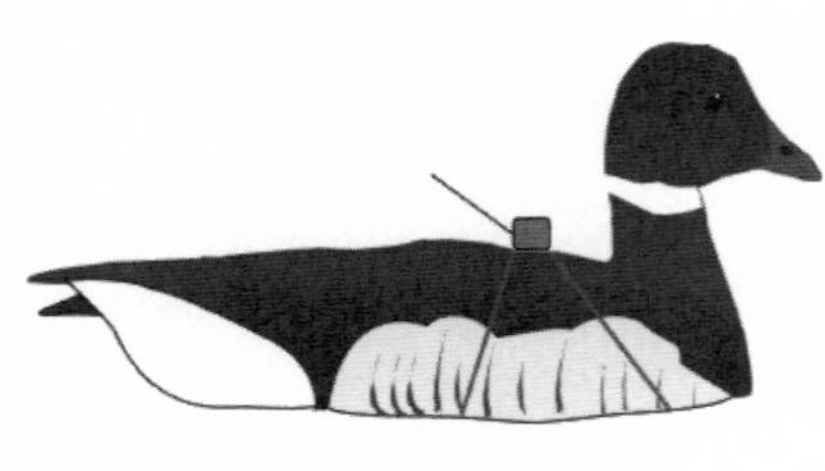

ハーネス法　（作図：鈴木勝利氏）

けているのです。

初飛来の頃

秋口、宮城県では、ガンやハクチョウの初飛来は大きなニュースです。宮城県内のすべてのテレビ局が、私たちのところに取材に来ます。あるテレビ局では、初飛来がありそうな期間は、いつでも取材に行けるように〝警戒〟シフトがしかれるそうです。秋の渡り鳥の飛来は、季節の移り変わりを示す、社会的にも関心の高い重要な生物指標の1つなのでしょう。

このときの私の役割は、ガンやハクチョウの初飛来の群れを見つけて、各社に連絡して飛来状況を説明することです。天気図の気圧配置を見て、気温が下がって鳥たちが渡ってきそうかどうかに注意しつつ、これまでの経験から群れが最初に降り立つ可能性のある場所を毎日見まわります。そして鳥愛好家の仲間やカメラマンから寄せられた情報も含めて総合的に判断しながら、最初の群れを見つけ出します。

初飛来の報道で、いつもモヤっとするのが「ガンやハクチョウなどの渡り鳥はシベリアから渡ってきます」という文言。「シベリア」という呼び方は一般的ですが、ガンカモ類の繁殖地として、じつは正確ではありません。シベリアとは、ロシアの中央部付近をさす呼び方です。一方、日本海やオホーツク海沿岸の地域は「極東ロシア（極東連邦管区）」といい、これまでの追跡で日本に渡ってくるガンカモ類のほとんどが、この極東ロシアから渡ってくることがわかっています（**図3-1**参照）。したがって「渡り鳥は極東ロシアから渡ってきます」というのが正しいのです。しかし、一般的な言い方ではないからでしょうか、その対応は各社まちまちです。

それでは、日本を含めた東アジアのガンカモ類の渡りを、ここでは体の大きいハクチョウ類から順に紹介していきましょう。

ハクチョウ類の渡り

●オオハクチョウ

オオハクチョウでは、2009〜2012年に大規模な衛星追跡が行われました（**図3-3**）。宮城県の伊豆沼・内沼と北海道東部の屈斜路湖（くっしゃろこ）から、47羽のオオハクチョウを追跡して、春秋それぞれ57例、33例の追跡に成功しました。*

図3-3　衛星送信機を装着されたオオハクチョウ
（写真提供：時田賢一氏）

＊複数年にわたる追跡で、1羽から複数のデータがとれる場合がある一方、途中で電波が途絶える場合もあるので、個体数と例数は一致していない。

春の渡りでは、網走湖や野付半島などの北海道東部、サハリンやアムール川河口、オホーツク海北部沿岸を中継し、コリマ川やインディギルカ川中流域に到達したことがわかりました（図３－４）。平均86日間で３７９４kmを移動したことになります。秋の渡りでは、春とほぼ同じコースを逆向きに南下しましたが、アムール川河口やサハリンから直接東北地方に渡る経路もありました。平均54日間で３４５５kmの移動でした。

●コハクチョウ

２００９～２０１２年に、北海道北部のクッチャロ湖から追跡した16羽のコハクチョウの渡りは、オオハクチョウの渡り経路と重複していますが、サハリンやアムール川河口、オホーツ

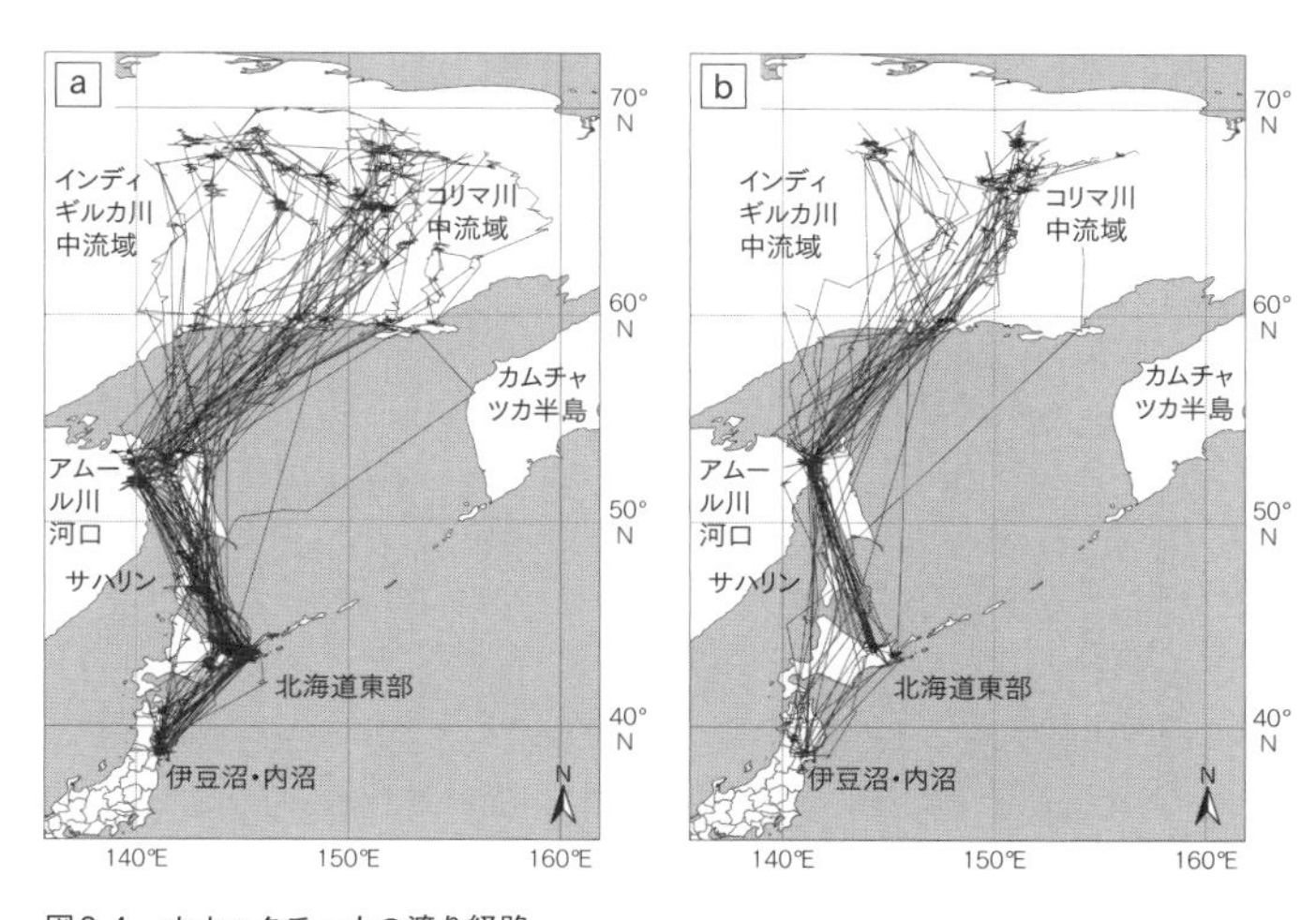

図3-4　オオハクチョウの渡り経路
a：春の渡り経路、b：秋の渡り経路。（Shimada *et al.* 2014より改変）

ク海北部沿岸、コリマ川中流域などを中継した後、オオハクチョウよりさらに北の北極海沿岸まで到達し、そこで繁殖しました（図3－5）。春の渡りでは48日間で6471km、秋の渡りでは50日間で6331kmの旅でした。一方で、西日本の鳥取県中海からの追跡では、日本海を縦断した例もあります。

ガン類の渡り

●マガン

1994年に、伊豆沼・内沼から36羽のマガンの春の渡りを衛星追跡したところ、2月下旬に伊豆沼・内沼を出発し、秋田県の八郎潟（はちろうがた）や小友（おとも）

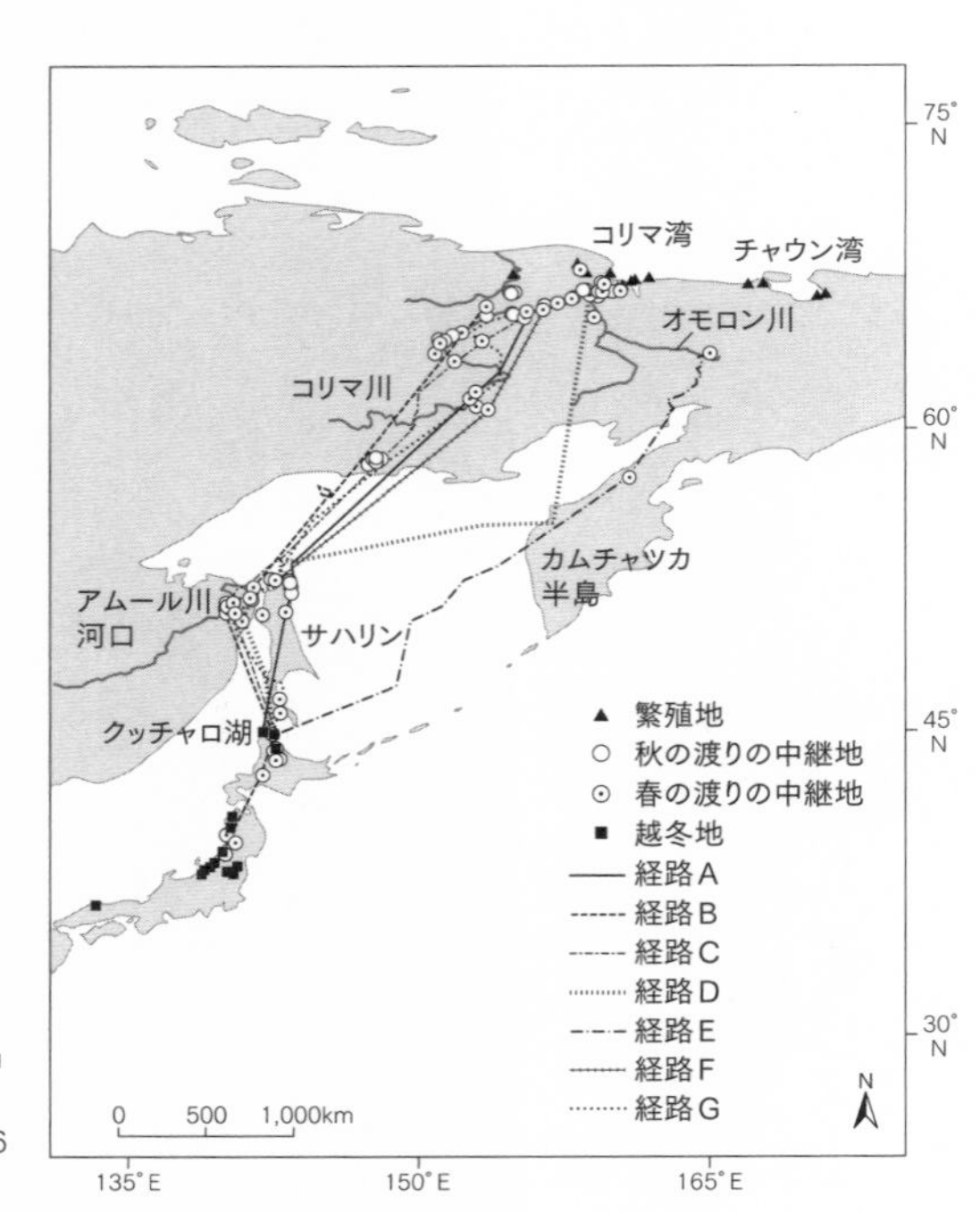

図3-5　コハクチョウの渡り経路
（Chen *et al.* 2016より改変）

沼（ぬま）、北海道の宮島沼、カムチャツカ半島を経由して、ベーリング海沿岸のペクルニイ湖沼群に到達し、3595kmを移動しました（図3-6）。近年、秋田県から北海道へ至る途中にある、青森県十三湖周辺を利用するガン類の個体数は、全国の越冬数の約2～6割に達し、ここも重要な中継地であることがわかってきました。

一方で、島根県出雲平野から追跡されたマガンの春の渡りでは、鳥取県中海からのコハクチョウの渡りと同じように、日本海を縦断して北朝鮮の東海岸に到達しましたが、その後の繁殖地までの経路は不明なままです。

ガン類の繁殖地である北極圏の夏は短いため、早く繁殖地に着くほど繁殖に有利になります。しかし、積雪などの気象条件は、北上するほど厳しくなるため、あまり早く到着しすぎて

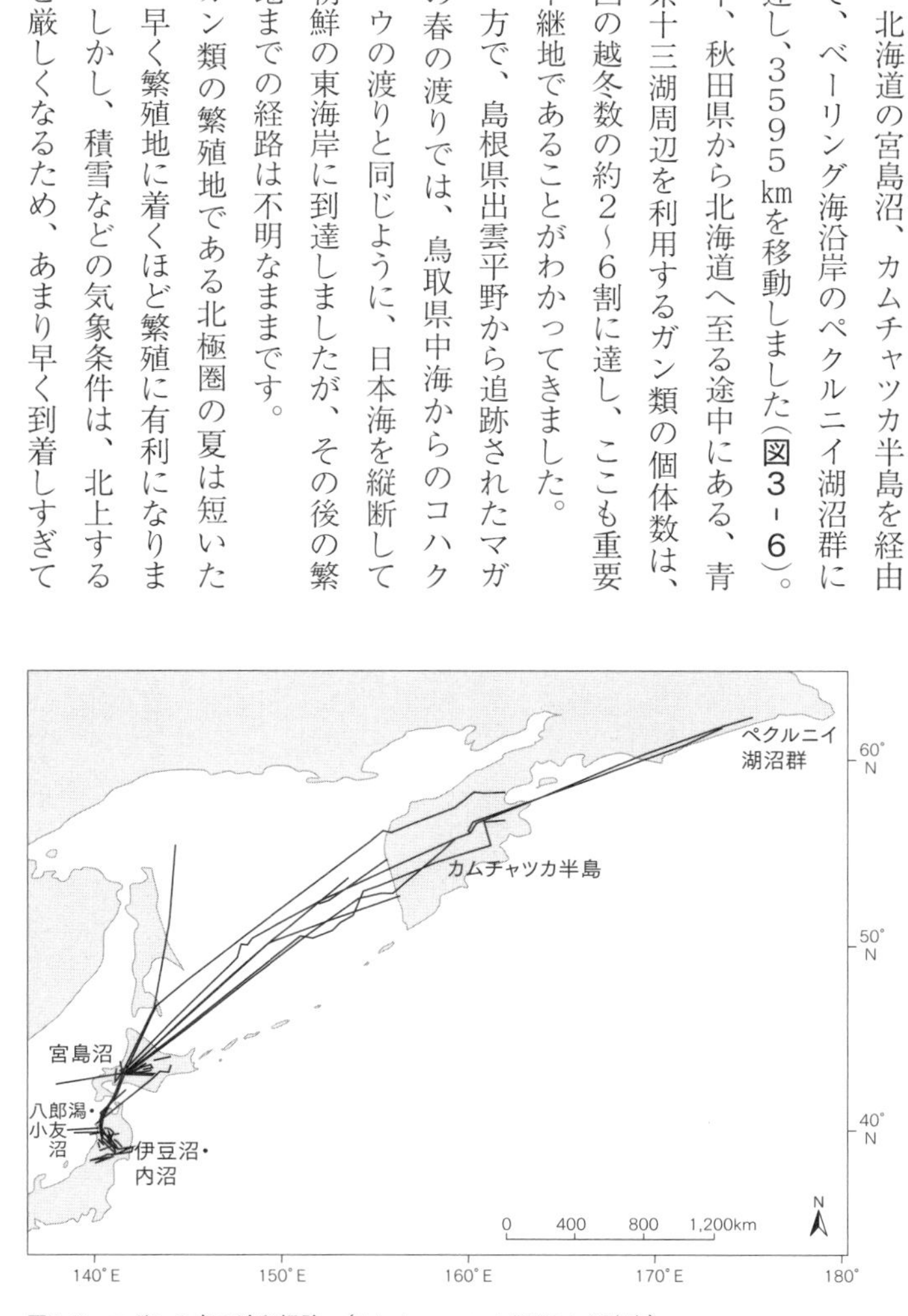

図3-6　マガンの春の渡り経路　（Takekawa *et al.* 2000より改変）

も、繁殖地や途中の中継地で確実に採食できる見込みはありません。多くの脂肪を蓄積したメスほど、こうした厳しい寒さや食物不足に耐えたり、産卵に他個体よりエネルギーを費やしたりすることができるので、より多くの卵を産み、ヒナを育てることができます。

マガンでは、下腹部の膨らみが大きいほど脂肪蓄積量が多く、この膨らみ具合が蓄積量の指標になります。マガンは北海道の宮島沼から長距離の春の渡りを開始しますが、その宮島沼を調査地として、渡りのタイミングとこの蓄積量の指標との関係を分析したところ、短時間で、かつより早い繁殖地への到着が求められる春の渡りでは、時間的制約のない秋の渡りと比較して、出発日が特定の時期に集中すると同時にメスの脂肪蓄積量が増加していました。マガンの春の渡りは、必要な脂肪を急いで蓄えたり短期間で渡ったりしなくてはならないなど、時間との闘いといえるかもしれません。

●ヒシクイ

１９８０年代、「日本雁を保護する会」と現ロシア科学アカデミーの精力的な標識調査によって、亜種ヒシクイでは、カムチャツカ半島にある換羽地のマコベツコエ湖で標識されたものが、風蓮湖や濤沸湖など北海道東部、秋田県の八郎潟などを経由し、宮城県の化女沼や伊豆沼・内沼で越冬することが明らかとなりました（図３-７）。亜種オオヒシクイでは、同じく換羽地であったカムチャツカ半島にあるズベズドカン湖で標識された個体が北海道のサロベツ原野や十勝平野で確認され、八郎潟や片野鴨池、琵琶湖など日本海側で越冬することがわかりました。

　さらに新潟県福島潟から衛星追跡された亜種オオヒシクイが、同様のコースをたどって北上し、ズベズドカン湖とその東にある繁殖地と考えられているアナバ川流域に到達しました。携帯電話通信を利用した送信機によって、福島潟から追跡された３羽の亜種オオヒシクイもまた、春の渡りで日本海側を北上し、八郎潟を経て北海道の中継地に移動しました。

　一方で、島根県出雲平野でもヒシクイが越冬しています。体の大きさやくちばしの形態に変異が大きく、亜種は不明とされてきましたが、脱落羽毛から得られたミトコンドリアＤＮＡの解析によって、亜種オオヒシクイであることが明らかとなりました。山階鳥類研究所が３羽の亜種オオヒシ

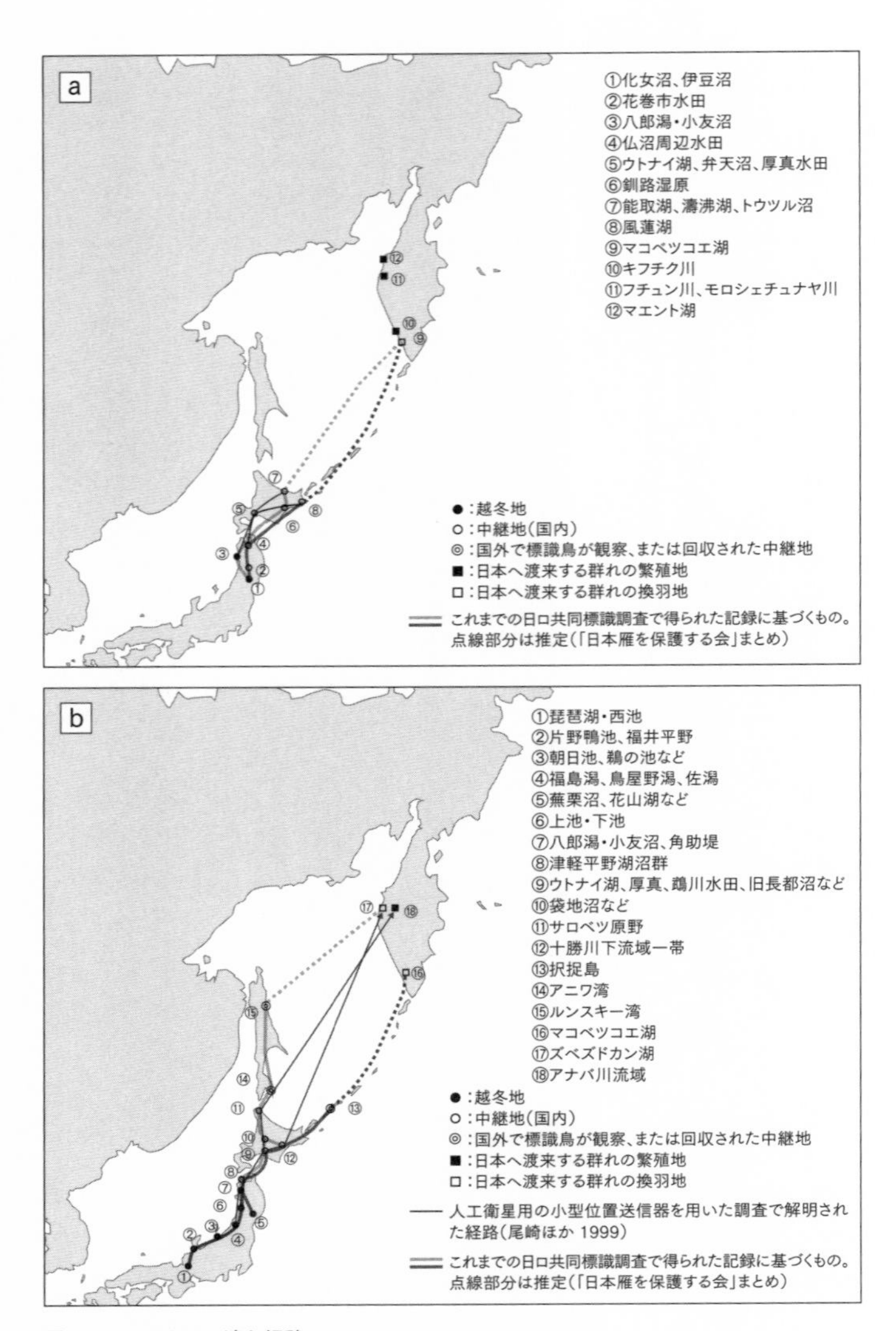

図3-7　ヒシクイの渡り経路
a：亜種ヒシクイの渡り経路、b：亜種オオヒシクイの渡り経路。（呉地 2006より改変）

クイを島根県出雲市から追跡したところ、日本海を縦断し、中国北東部を経て、コリマ川流域の北極海沿岸付近に到達したことがわかりました。このことは、カムチャツカ半島以外からも亜種オオヒシクイが日本へ渡ってきていることを示しています。

●コクガン

コクガンでは、前述した苦労を経て、２０１４年に宮城県気仙沼市の大谷海岸で9羽の捕獲に成功し、そのうち５羽に衛星送信機を装着して、越冬期の行動や春の渡りを調査しました。

春の渡りを開始したコクガンは、北海道東部へ移動し、野付湾や根室半島北部、国後島南部を中継し、１羽がオホーツク海を縦断してオホーツク海北部沿岸に到達しました。衛星で追跡できたのはここまででしたが、送信機を装着しなかった1羽が、ロシア北極圏のレナデルタ南部（**図3-1**参照）で、おそらく狩猟によって撃たれて回収されました。

標識された個体が回収される確率はきわめて低く、１９６1年から２０１３年にかけて、４８０種約５３０万羽が標識放鳥されたうち、回収できたのは241種約3万3000羽で、回収率は0・6%ほどです。それに対し、今回のコクガンでは9分の1で11%。驚異的に高い数字で、撃たれてしまったことはかわいそうでしたが、このことはコクガン追跡に大きな進展をもたらしました。

じつは、コクガンが回収された地域のレナデルタは、東アジアで越冬するコクガンの繁殖地と考えられている地域でした。カナダ北極圏で繁殖し、北アメリカ西海岸で越冬するコクガンは、春の渡りでは、北アメリカ内陸部を移動して繁殖地へ戻ります。このコクガンの回収は、日本で越冬するコクガンもオホーツク海北部沿岸に到達後、レナ川やヤナ川などの内陸部の河川沿いを北上することを示唆したのです。

2017年から北海道の野付湾や函館湾などの個体群を対象に、精力的にコクガンの追跡調査を行っているコクガン共同調査グループは、2019年に、春の渡りで2例目となる北海道東部からオホーツク海を縦断する渡り経路を明らかにしました。2020年には宮城県志津川湾、北海道函館湾からそれぞれ出発した2羽のコクガンが、北海道東部や国後島南部を経由し、オホーツク海を縦断、マガダンからコリマ川中流域にかけてのロシア内陸部を移動し、北極圏にあるノヴォシビルスク諸島ファデエフスキイ島まで到達しました（第2章参照）。

秋の渡りでは、カナダ北極圏で繁殖するコクガンは、内陸部ではなく、アラスカ沿岸を南下し、繁殖地と越冬地の間でループを描くように渡ります。東アジアでは、カムチャツカ半島中部東海岸にあるマランバヤム潟湖で、５０００羽以上のコクガンが観察されたこと、そして、そこからカムチャツカ半島内陸部の河川沿いに南下することから、日本を含め、東アジアで越冬するコクガンも、ロシア内陸部を北上して北極圏で繁殖した後、北極海沿岸を東に進み、カムチャツカ半島を経由するループの渡りを行っている可能性があります。その可能性は、前述した2羽のコクガンによって強く示唆されました。

２羽のコクガンのうち、函館湾発のコクガンは、ファデエフスキイ島から東へ進み、ベーリング海沿岸まで到達した後に南下し、カムチャツカ半島を経由して日本に戻ってきました。志津川湾発のコクガンも東へ進みましたが、途中からロシア内陸部に入って南下し、カムチャツカ半島東海岸沿いに帰ってきました。いずれの個体も、北極海沿岸のチャウン湾とカムチャツカ半島中部東海岸のマランバヤム潟湖を中継していました。

これら以外にも、アラスカの沿岸で標識されたコクガンが、日本で記録された例もあり、北米からの渡りがあることも示唆されています。

北海道の「道東コクガンネットワーク」は、2014／15年*〜2016／17年の3年にわたって、コクガンの全国個体数調査を行いました。日本国内の越冬期の個体数は2000〜3000羽と、これまでわかっていた数に近いものでしたが、秋の渡りで、8600羽あまりが野付湾で記録され、これを上回る数値となりました。この差、つまり日本での越冬数を差し引いた、およそ6000羽あまりの日本を通過するコクガンがどこへ行くのか、ということも謎の1つです。

日本以外に朝鮮半島で越冬するのではないか、という仮説があります。コクガン共同調査グループが野付湾から追跡した24羽のコクガンのうち、6羽の個体が北海道から東北地方太平洋沿岸の5カ所で再発見されたほか、2018年には、1羽のコクガンが日本海を横断して北朝鮮の東海岸に到達し、このグループはその仮説を支持する成果を上げました。

***2014／15年**　ガンカモ類の越冬期を示す方法として、「2014／15年」のように、2つの年号をスラッシュ（／）で挟んで併記する表記を用いた。たとえば「2014／15年」は、2014年秋〜2015年春、つまり2014年の秋に日本に渡来し、翌2015年春に渡去するまでの時期を示す。

カモ類の渡り

●マガモ

カモ類でも多くの種の渡りが研究されています。マガモでは、北海道帯広市や長崎県佐世保市など日本国内の４つの越冬地から、27羽の春の渡りが衛星追跡されました。渡り経路は個体ごとに大きく異なっていましたが、同じ越冬地から出発した個体は、同じような経路をたどる傾向がありました（図３－８）。

埼玉県越谷市から出発した個体は、日本海を縦断し、ロシア南東部に到達した一方で、九州から出発した個体は、朝鮮半島の東海岸沿いに北上し、中国北東部やロシア中南部に移動しました。また、中国とロシアの国境に位置するハンカ湖周辺は、それぞれの越冬地から渡ってきたマガモが利用しており、重要な中継地であることがわかりました。

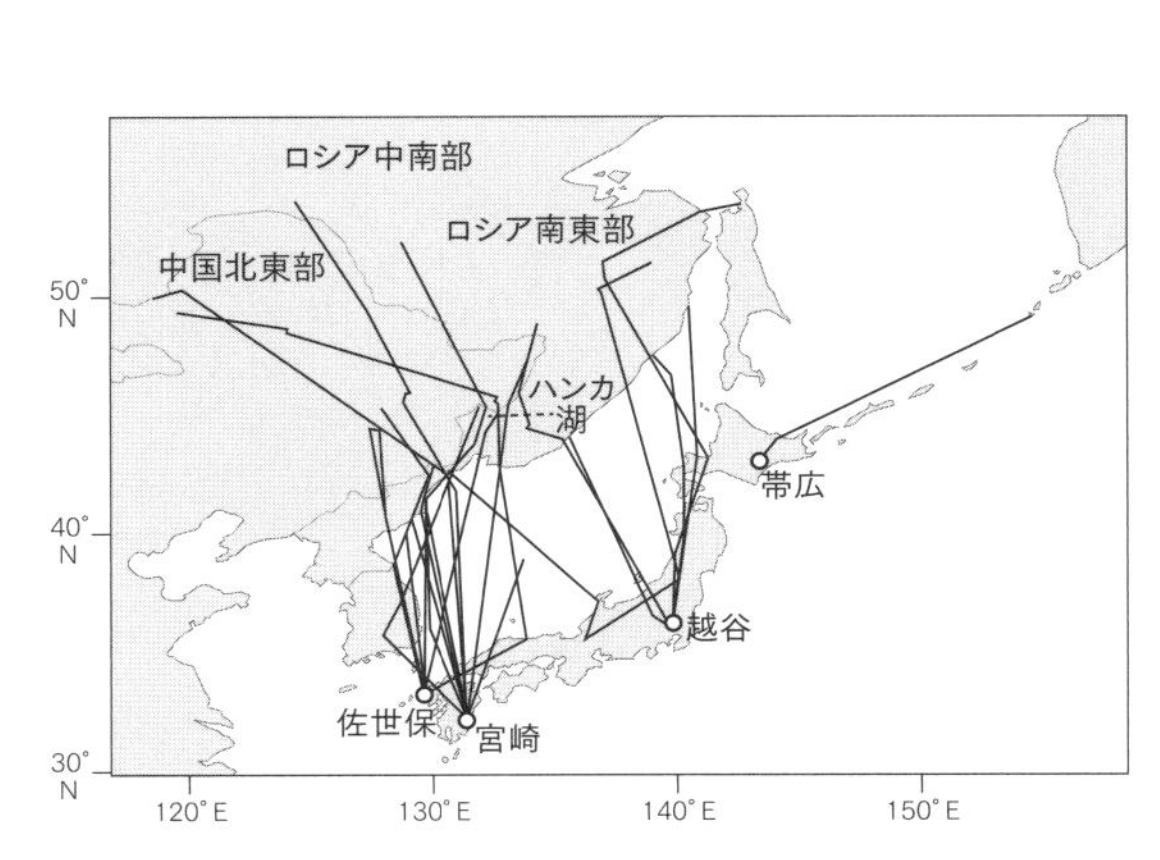

図3-8　マガモの春の渡り経路（Yamaguchi *et al*. 2008より改変）

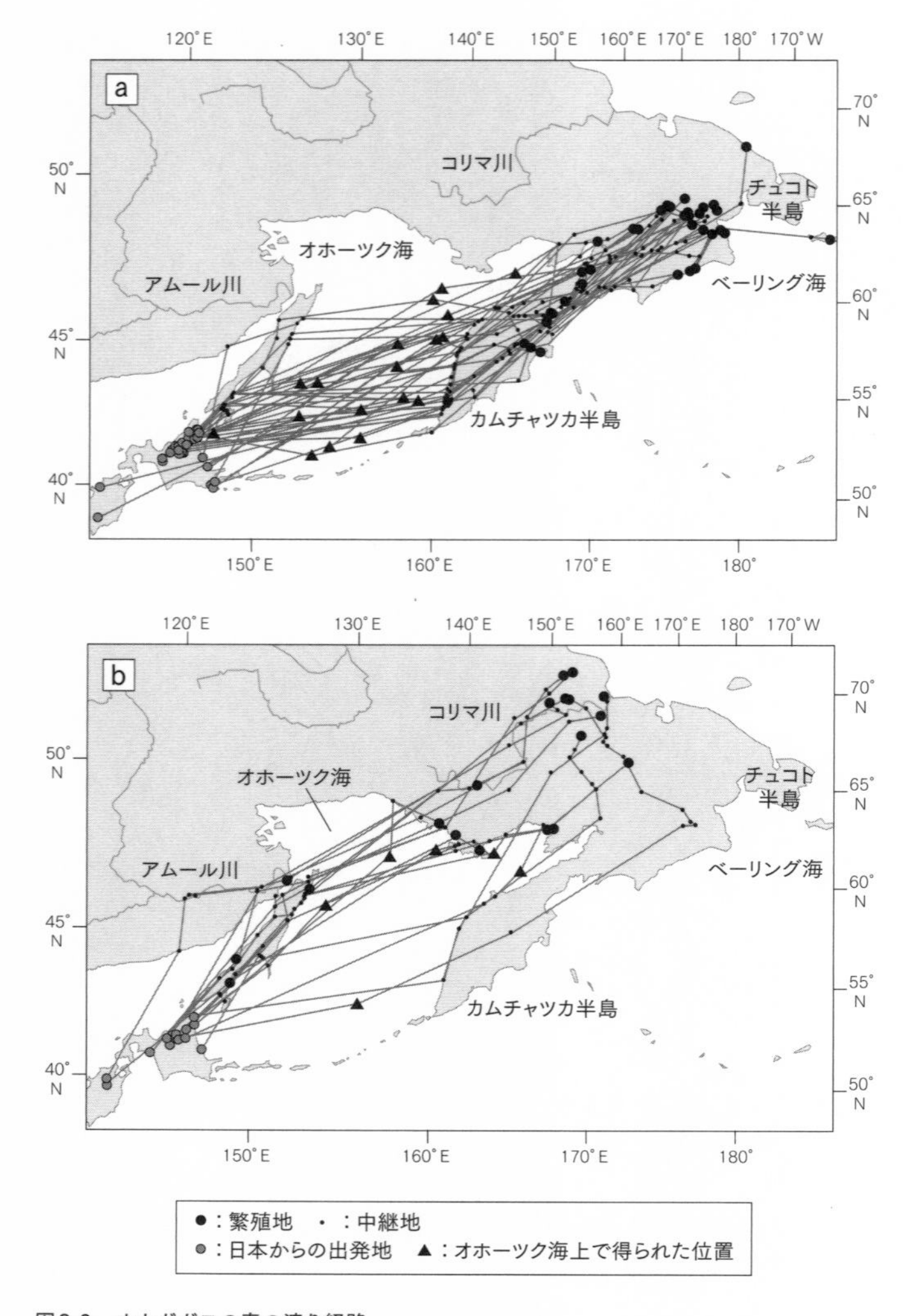

図3-9　オナガガモの春の渡り経路
a：カムチャツカ半島を経由する経路、b：オホーツク海を縦断する経路。
（Hupp *et al.* 2011 より改変）

●オナガガモ

オナガガモは、２００７〜２００９年にかけて、東日本を中心とした越冬地から１９８羽が追跡されました。春の渡りでは、67％の個体がサハリンを経由してカムチャツカ半島やチュコト半島に到達しました（図３-９a）。残りの個体は、サハリンを経由してオホーツク海を縦断してオホーツク海北部沿岸やコリマ川下流域に到達しました（図３-９b）。

日本から直接、あるいはサハリン経由でカムチャツカ半島へ向かった個体は、少なくとも１２００kmはあるオホーツク海をノンストップで渡ったと推定されています。秋の渡りでは、春とほぼ同じコースを逆に移動しました。

●ヒドリガモ

ヒドリガモ（図３-10）は２００７〜２０１６年にかけて、福岡県福岡市や宮崎県宮崎市など西日本の６カ所の越冬地から、64羽が衛星追跡されました。春の渡りでは、日本海を縦断して中国北東部を経由し、オホーツ

図3-10　ヒドリガモ（オス）
（写真提供：麻山賢人氏）
カラー版は口絵p.3参照。

ク海を縦断する経路、日本列島を北上してサハリンを経由する経路、日本列島を北上してカムチャツカ半島に渡る経路、の3つがあることがわかりました（図3-11）。また、繁殖地はチュコト半島からカムチャツカ半島、オホーツク海北部沿岸、アムール川河口やサハリン北部にかけて、広く分布していました。

●トモエガモ

２０１２年１～２月に、石川県片野鴨池から衛星追跡された４羽のトモエガモでは、春の渡りで日本海を縦断し、ハンカ湖や三江平原を中継して北上し、オホーツク海を縦断した後、コリマ川やインディギルカ川河口に到達しました。秋の渡りでは、春の渡り経路とほぼ同じ経路を南下しましたが、春の渡りと異なっていた

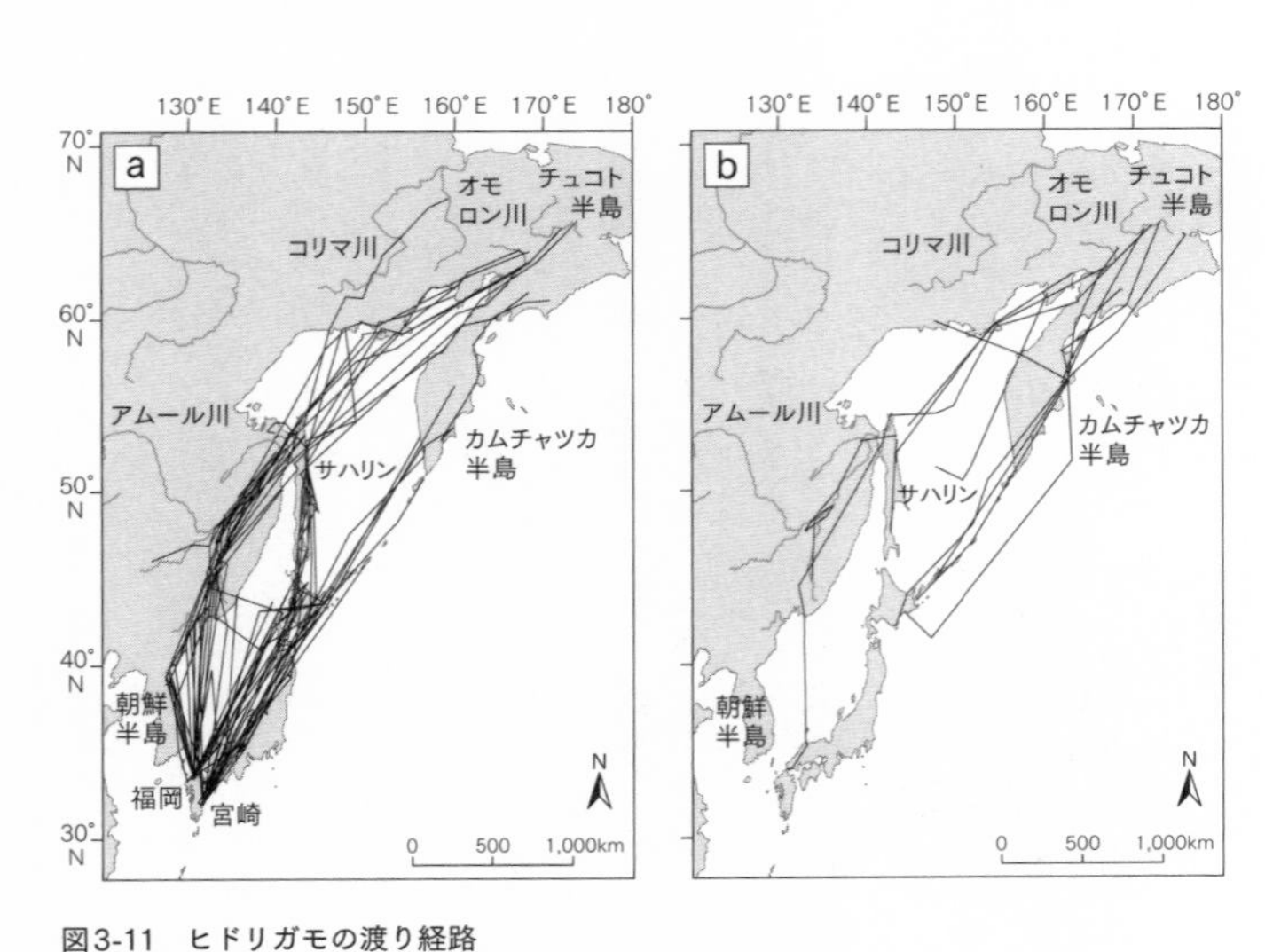

図3-11　ヒドリガモの渡り経路

a：春の渡り経路、b：秋の渡り経路。（Doko *et al.* 2019より改変）

のは、一度、韓国の西海岸を経由した後に、日本海を横断して日本へ戻ったことでした。

2つの渡り経路

これまで述べてきたガンカモ類の渡りをまとめると、越冬地によって大きく2つの経路があることが明らかになりました（図3-12）。1つは東日本の越冬地から北海道、カムチャツカ半島を経由してベーリング海沿岸へ至る経路、または北海道からサハリンやアムール川河口を中継し、オホーツク海を縦断してコリマ川やインディギルカ川中流域および河口の北極海沿岸に至る経路です。

もう1つは、北陸地方以南の越冬地から出発する経路で、日本海を縦断して朝鮮半島やロシア沿岸からユーラシア大陸に入り、ハンカ湖や三江平

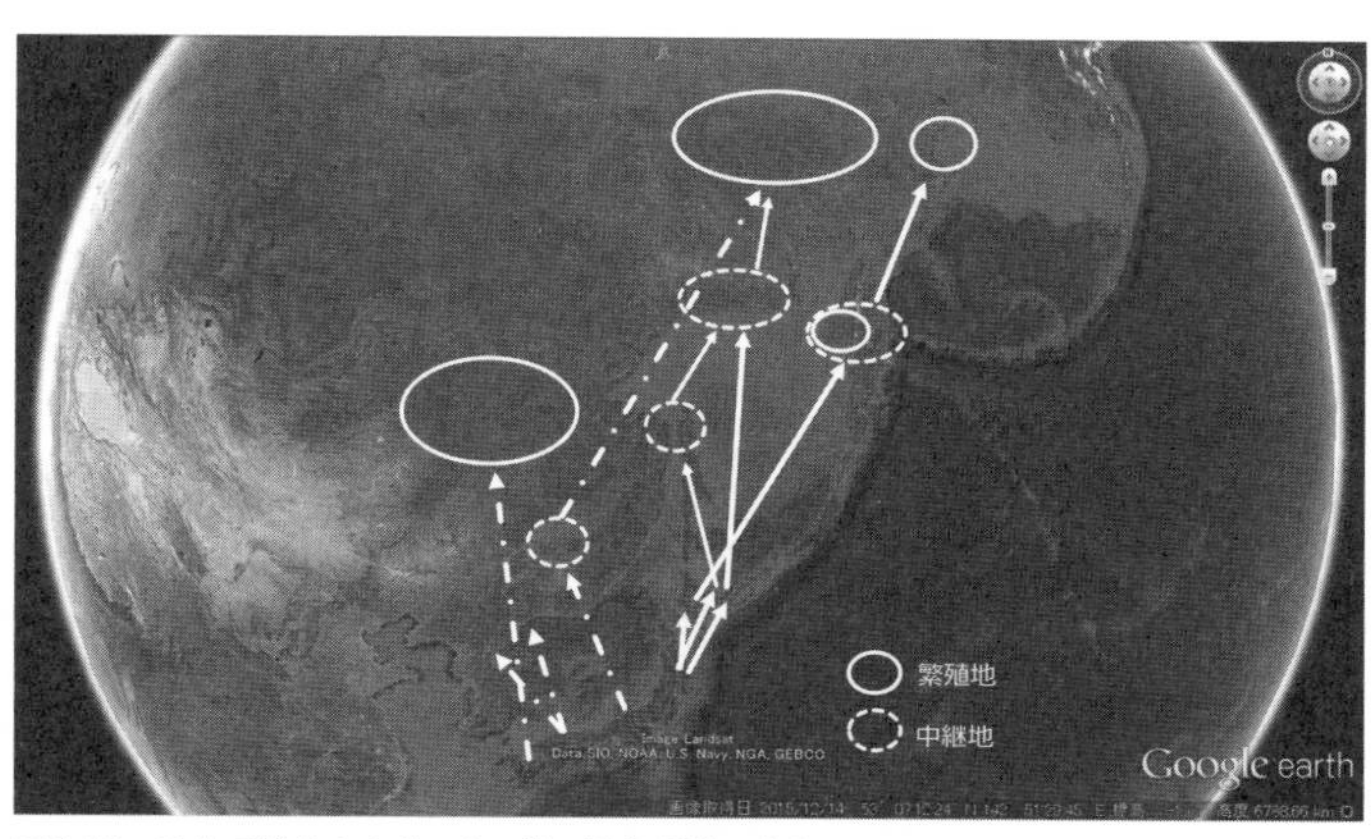

図3-12　日本で越冬するガンカモ類の渡り経路のまとめ
東日本の越冬地から出発する経路（実線）と北陸地方以南の越冬地から出発する経路（破線）の大きく2つに分かれる。背景画像はGoogle Earthより。（嶋田 2021）

原などを経て中国北東部やロシア南東部へ至る経路、またはハンカ湖などからさらに北上してコリマ川やインディギルカ川河口の北極海沿岸に至る経路です。

こうしたガンカモ類の渡りについて、さらにより詳しいことを知りたい場合は、総説という、いろいろな論文をまとめた論文もありますので、興味のある方はそちらをご覧いただくのもよいと思います（巻末の「参考文献」参照）。

カモ、ガン、ハクチョウの渡りの特徴

こうしたガンカモ類の渡りを、カモ類、ガン類、ハクチョウ類で比較すると、ガン類やハクチョウ類に比べ、カモ類の渡りでは移動経路のばらつき、すなわち個体差が大きいという特徴があります。その要因として、カモ類は、ガン類やハクチョウ類と繁殖様式が違うことが考えられます。

ガン類やハクチョウ類は一夫一妻で、相手を生涯替えないのに加え、翌年の春まで家族で行動を共にします。つがいが同じルートをたどるだけでなく、親のたどった渡り経路や越冬地、中継地で利用した場所は、同じ経

図3-13
ミカヅキシマアジ（オス）
（写真：iStock.com/impr2003）
カラー版は口絵p.4参照。

験を通じて親から子に引き継がれていくため、移動経路に大きなばらつきができにくいのでしょう。

一方で、カモ類では、越冬期にオスがメスに求愛行動を行って、基本的に毎年つがい相手を替えます。そしてマガモやミカヅキシマアジ（図3-13）では、繁殖地への帰還率は、オスよりメスで高い傾向があります。そのため、オスはつがいとなったメスの繁殖地へ戻る傾向があり、オスの繁殖地は年によって異なることがあります。

越冬地でも同様に、カモ類では行動の個体差が大きい傾向があります。オナガガモでは、人からの給餌に依存する個体は昼夜とも給餌場所に執着する一方で、そうでない個体は昼間沼で休息し、夜間農地で採食します。またマガモでは、夜間にはどの個体も水域を利用するものの、ハス田や冬期湛水田（ふゆみずたんぼ）*、河川など、利用する環境の相対的な割合が、個体ごとにそれぞれ異なります（第5章参照）。

こうした個体差は、カモ類の多様な渡り経路を生み出すことにつながります。たとえば日本で標識されたオナガガモは、北アメリカで複数回収されているほか、ウクライナなどユーラシア大陸西部からの回収例もあり、

＊**冬期湛水田（ふゆみずたんぼ）**―一般的にイネ刈り後の水田は、翌春の代掻きまでの冬期間は乾いた状態となるが、その間も水を張っている水田のこと。近年では、冬期湛水田を採食場とする水鳥の糞や、水中に生息する微生物やイトミミズなどのはたらきが水田の栄養となることから、これを利用して農薬や化学肥料を減らした農業をめざす取り組みが行われている。

広範囲を移動していることがわかります。

多様な渡り経路は、個体間の交流を増加させ、遺伝構造にも影響します。極東ロシアのチュコト半島では、日本と北アメリカで越冬するオナガガモが、ともに繁殖していますが、それぞれの個体群に遺伝的な差異はありません。一方、中国、韓国、日本など東アジアで越冬するマガンでは、脱落羽毛の遺伝子解析によって、日本と韓国は同じ個体群で、中国とは異なる個体群であることがわかりました。さらに、太平洋を挟んで日米で越冬するマガンでは、両者は異なる遺伝集団であることがわかっています。

今後、追跡機器の改良が進むことで、追跡できる対象種の幅が広がり、収集できる情報量も増え、渡り経路やそのメカニズムの解明がさらに進むことでしょう。それは生態学的に重要なテーマであると同時に、地球規模の環境変化のなかで、より効果的、効率的にガンカモ類の生息地の保全を行っていくことに大きく貢献します。

ガンカモ類

豆知識1

ガンカモ類の渡りを調べる方法
～標識を用いた鳥類調査について～

山階鳥類研究所　森本 元

「カモの特徴とは？」と問われたら、皆さんはどのように回答するでしょうか。「泳ぐ」、「丸くてかわいい」など、さまざまありますが、「渡り」もその1つでしょう。日本のガンカモ類各種の生態では、カルガモが例外的に留鳥（りゅうちょう）ですが、その他の鳥種はどれも基本的に冬鳥であり、渡りをしています。日本国内の一部の地域で繁殖しているシノリガモやマガモ、オシドリなども、繁殖地と越冬地間を渡っていますし、同じ沼で一年中見られる留鳥カルガモも、じつは季節的な移動をしており個体が入れ替わっているので、一年中その場所で見られるのです。つまり、日本国内で一般的に見られるガンカモ類は、どの種も渡りを行っているのです。このようにガンカモ類というのは、日本では「渡り」をするイメージが強い鳥類グループの1つといえましょう。

渡りについてはほかの鳥類グループも多数行うので、ガンカモ類の専売特許というわけではありませんが、ほかの鳥類グループには留鳥・夏鳥・冬鳥のどれもがいます。他方、日本のガンカモ類は大半が冬鳥なので、夏にはカルガモくらいしか目にしないのに、冬になると池や沼を埋め尽くすほどのさまざまな種の姿を見ることができます。この「あるとき突然多数が現れて、忽然と姿を消す」現象。その仕組みが渡りです。現代の私たちは、先に「知識」をもっているため、冬にたくさんいたカモたちが、春以降いなくなっても、当たり前にそれを受け入れ、北の繁殖地へ旅立ったと考えます。しかし、渡りの仕組みを知らなかった昔の人たちには、渡りという概念すらなく、突如姿を消す鳥たちの行動は謎であり、さまざまな仮説を生みました。昔のヨーロッパでは、ツバメは冬になると池の底の泥で冬眠すると考えられていたそうです。18世紀の著名な博物学者リンネですら、この説を信じていたらしく、渡りという考え方が正しいと認識され人々の常識となったのは、じつはかなり最近のことだとわかります。

では、渡りはどのように調べるのでしょうか。ここで大事なのは「個体識別」という考え方です。特定の個体がある場所からほかの場所へ移動したことを実証できれば、それは動物が「移動した」証拠になります。科学とは、客観的事実を積み重ねることで成り立っています。ですから、とある動物がどのように移動しているかを知るためには、1羽1羽

ガンカモ類

豆知識1

を見分ける個体識別に基づくデータを多数集める必要があるのです。

これを可能にした調査手法が「標識」です。仕組みは大変シンプルで、特定の個体に目印を付けて放鳥し、その印付きの個体が他所で再発見されることで成り立ちます。

この再発見を専門的な表現で「回収」と呼びます（本文68頁も参照）。標識にはさまざまな種類がありますが、最も一般的なものは金属足環（あしわ）です。野鳥には国境がありませんから、鳥の渡りを調べるには、国際連携が不可欠です。約100年前にヨーロッパから始まった鳥類標識調査（バンディングまたはリンギングとも）は、現在、先進国を中心に多くの国々で実施されている歴史ある基礎的な生物調査です。国または鳥類学を専門とする大きな団体が主導するケースが多く、毎年数万羽や数十万羽という単位で標識放鳥されています。前述の金属足環には、その国の名前と個別の番号が刻まれており、これにより個体識別が可能になっています。専門の調査員や一般の人々が足環付きの個体を発見（回収）し、それが国の標識センターに知らされると、情報が蓄積されます。その情報

番号入り首環を付けたマガン（青04Y）
マガンで最初に標識された6羽のうちの1羽。1983年11月に伊豆沼で標識され、1990年まで毎年春に中継地の宮島沼で記録された。（写真提供：笠原啓一氏）

が各国のセンター間で交換されることで、国内外の放鳥者へも連絡されます。日本では、山階鳥類研究所が環境省からの委託で長年実施しています。日本の標識調査は1924年に農商務省によって初めて行われ、戦争により一時中断を経た後、1961年から農林省が同研究所に委託して再開し、1972年に環境庁（現在の環境省）へ移管されて現在に至ります。標識調査は山階鳥類研究所から認定された鳥類標識調査員（バンダーと呼ばれます）によって行われ、近年は毎年、十数万羽もの野鳥が放鳥されています。

そして、数多く回収される鳥類グループの1つがガンカモ類なのです。国内だけでなく海外からの個体も多く、日本のガンカモ類がどこからどこへ移動しているかの広域情報がだんだん集まってきました。また、個々の研究者が実施している首環(くびわ)標識や、近年では人工衛星やGPS、ジオロケーターといったハイテク機器による追跡装置を使った研究で得られた詳細な移動経路の新知見も加わり、ガンカモ類の移動が解明されつつあります。ハイテク機器による追跡調査と、足環や首環といった目視観察による標識調査は、互いの欠点を補い合う手法です。特に後者では、一般の方々の協力が大きな力です。毎年、たまたま野鳥観察中に標識された個体を発見した、という方々から多数の報告が届いています。多くの人々の力が合わさることで、鳥たちの移動を明らかにする調査が進んでいるのです。

第4章 繁殖地での暮らし

北への旅立ち

春、ガンカモ類は繁殖のために北へ帰ります。北へ帰る群れは、飛び方を見ているとわかります。この北帰行*のときは飛ぶ方向が普段と違ったり、高度が違ったりするのです。伊豆沼・内沼のマガンは、越冬期間中、ねぐら位置がほぼ決まっていて、沼の東にねぐらをとる鳥は早朝に北東から東の農地へ、中央にねぐらをとる鳥は北へ、西にねぐらをとる鳥は北西から西へと、ねぐらの位置によって、それぞれ飛び立つ方向が異なります。

春の渡りの場合、伊豆沼・内沼の次の中継地は、沼の北西方向にあたる八郎潟(はちろうがた)など秋田県北部です（図4－1、図3－6参照）。このときは、越冬期には北東から東の農地へ向かって飛び立つはずの、沼の東でねぐらをとっていた群れが、その方向へ向かわずにいつもと違う北西方向に飛びます。そして通常の朝の移動とは異なり、急激に高度を上げていったかと思うと、すぐにV字飛行の態勢をとります。そしてさらに高度を上げながら去っていきます。その飛び方から、「帰るのだ」という強い意志を感じます。「ガンカモ類が故郷の繁殖地へ帰る」という言い方をよく耳にします。ガ

＊**北帰行**　渡り鳥が越冬のために日本で過ごし、春になり暖かくなった時期に北へ向かう習性を表したもの。

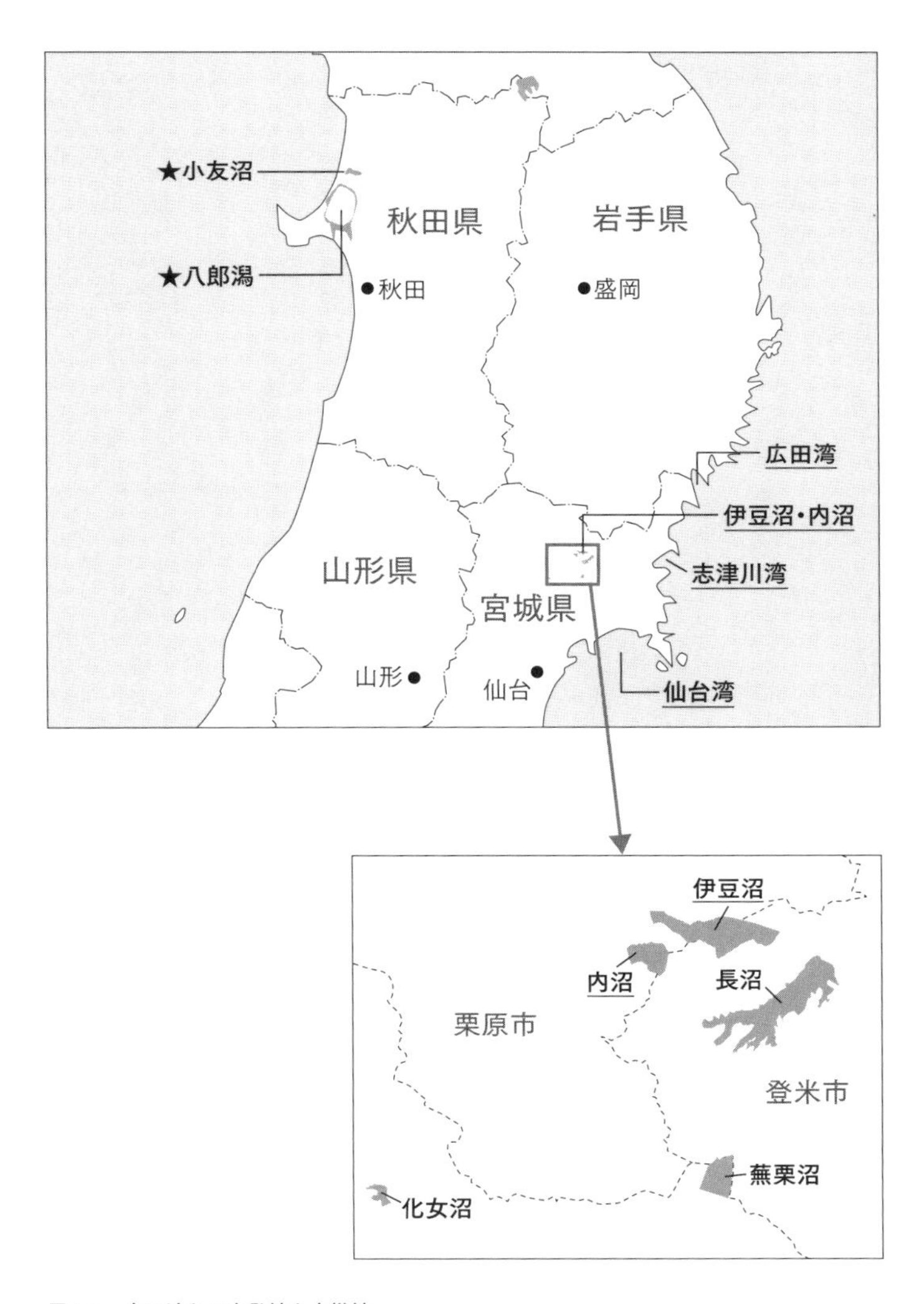

図4-1　春の渡りの出発地と中継地
本書で紹介するガンカモ類の渡りの出発地と中継地を示した。右下の地図は伊豆沼・内沼周辺の拡大地図。下線付きは出発地、★付きは中継地。

ンカモ類が繁殖地にいる期間は、5~9月の実質5カ月ほどで、残りの7カ月は越冬地や中継地で過ごします。したがって、故郷にいる時間の方が短いのですが、故郷とは生まれ育った場所のことなので、日本で越冬するガンカモ類たちの故郷は、やはり極東ロシアです。極東ロシアや日本だけでなく、ガンカモ類は地球上の水域に広く分布しますが、ここでは日本で越冬するガンカモ類を中心に、その故郷での暮らしぶりを紹介します。

つがいの形成

ガン類とハクチョウ類は一夫一妻です。ガン類ではほとんどの場合3歳、ハクチョウ類では4歳で繁殖を開始し、それまでの間につがい相手を見つけます。ガン類やハクチョウ類では、相手が狩猟や事故などで死ぬなど、偶発的な原因以外で「離婚」することはきわめてまれです。たとえば、イギリスで調べられたコハクチョウの919組のつがいでは、離婚した例はなく、オオハクチョウでも0・7%ほどでした。

一方で、カモ類の多くも一夫一妻ではありますが、第2章で述べたように、毎年冬に新しいつがい相手を見つけ、その関係は永続的ではありません。また後述しますが、ガン類やハクチョウ類では、雌雄両方で巣を守ったり、抱卵したり、さらに育雛(いくすう)を行ったりするなど、協同して繁殖に関わります。カモ類では、営巣や産卵期には、オスは巣やメスを守りますが、メスが抱卵に入ると巣から離れて別の場所へ移動します。

ガン類やハクチョウ類のように、雌雄両方の繁殖への関わりが強いほど、繁殖が成功する可能性は高まるため、お互いの意思疎通などのきずなが重要で、それを深めるためには長い年月が必要です。離婚して新しい相手とつがうことは、それをすべて最初から始めなくてはならないため、コスト*がかかります。

カモ類の場合、オスの繁殖への関与は、営巣、産卵期の一時期に限られるため、メスにとって、ガン類やハクチョウ類ほど離婚のコストは大きくありません。また、相手を替えることで、よりよいオスとつがうことができる利点があると考えられています。

*コスト　ある行動が、その個体に不利な状況(この場合は繁殖成功の減少)をもたらすような効果をもつと見なされる場合や要因のこと。

子育てをする環境

日本で越冬するガンカモ類は、温帯から寒帯にかけての地域を繁殖地とします。その主な部分を占める極東ロシアの環境は、北極海沿岸の寒帯地域に広がるツンドラと、それより低緯度の亜寒帯地域に広がるタイガに大きく分かれます。ツンドラは、地下に永久凍土が広がる降水量の少ない地域です。しかし、一年中凍結しているのは地下のみで、夏の短い期間だけ地表面が溶け、コケ植物や地衣類、草本類、灌木などが生育します（図4－2）。

タイガは、極東ロシアを含め、ユーラシア大陸、北アメリカ大陸北部の亜寒帯に広がる針葉樹林帯のことです（図4－3）。主にコハクチョウやマガン、亜種ヒシクイなどはツンドラで繁殖し、オオハクチョウや亜種オオヒシクイなどはタイガの開けた場所や水域周辺で繁殖するなど、種や亜種ごとに異なった環境を利用する一方で、ヒドリガモのようにツンドラからタイガまで広い繁殖環境を利用するものもいます。

春の渡りを終えた鳥たちは、5月中旬頃に故郷に到着します。まだ雪の残る時期ですが、短い夏の間に手際よく繁殖を進めるために、さっそく行動を開始します。最初になわばりを構えますが、主に2つのタイプに分かれます。

図4-2　ツンドラ

図4-3　タイガ

1つは、広いなわばりを長期間防衛し、そのなかで育雛までを行うタイプ。その大きさは、食物資源量などの生息地の質や、周囲で繁殖している繁殖鳥の数によって左右されます。代表例であるコハクチョウでは、0.5～1.0㎢の広い範囲を防衛し、強いなわばり性を示します。

最近の研究で、この防衛における親の個性が繁殖成功に影響することもわかりました。日本で越冬するコハクチョウの故郷の1つである、ロシア北極圏のチャウン湾（図3-5参照）で繁殖するコハクチョウについて、その親の個性を行動パターンから「攻撃性の強いもの」、「普通」、「弱いもの」に分けたところ、攻撃性の強いものほど繁殖成功が高かったのです。

もう1つのなわばりの構え方は、巣やメスを守るため、巣の周りだけを守るタイプです。防衛期間も主に産卵前から抱卵期だけに限られます。互いが1m程度の近距離で営巣するコロニー性のガン類やケワタガモの仲間、また分散して単独で営巣するカモ類の多くがこれにあたります。

同じツンドラで繁殖するガンカモ類でも、コハクチョウのように強いなわばり性を示すものから、コクガンのようにコロニー性のものまで、なわばりの構え方はさまざまです。

巣づくり（営巣）

カモ類やガン類では営巣場所や巣材を慎重に選び、巣を目立たせないようにして、捕食者に見つからないようにすることが、最も重要です。ガンカモ類は、ほかの鳥類よりもシンプルな構造の巣（図４－４）をつくります。巣は、草やスゲ、コケなどを重ねた浅いすり鉢状の形が基本です。巣の基礎ができると、メスは自分の胸から綿羽を引き抜いて巣に敷きつめ、その後も抱卵が終わるまで巣に草や綿羽を足し続けます。

ガンカモ類が巣をつくる場所には、大きく分けて５つのタイプがあります。水上や地上、樹洞、地面に空いた穴、そして初めから巣をつくらない托卵です。次にその主なものを紹介します。

●水上や地上での営巣

ツンドラで繁殖するコハクチョウは、スゲやコケ、草などを使って大きな巣をつくります（図４－５）。直径１・０～１・５ｍ、大き

図4-4　カルガモの巣
（写真提供：佐藤賢二氏）

なものでは高さ50cmにもなり、同じつがいによって毎年使われる巣もあります。高さのある巣をつくる主な理由は、洪水対策です。ツンドラの低地では、しばしば急速な雪解けによって増水し、巣が沈んでしまうことがあるためです。

オオハクチョウはタイガで繁殖しますが、伊豆沼・内沼周辺には、怪我などで傷ついて帰れず、夏を日本で過ごさざるをえない残留オオハクチョウがいます（第7章参照）。まれにこうした残留オオハクチョウ同士で繁殖することがあります。これは例外的なもので、本来の生息地での自然繁殖ではありませんが、オオハクチョウの繁殖の様子を知る手がかりになりますので、２０２１年春の宮城県内の小河川での営巣例を紹介します。

5月14日に観察したところ、この巣は、キツネなどの天敵が入ってくることのできない、川の中州につくられていました（図４-６a）。後述する繁殖時のオオハクチョウの役割分担から、おそらく抱卵していたのがメス、その近くにいたのがオスだと考えられます。巣材である植物の葉を積み上げた大きな巣で、コハクチョウの巣の

図4-5　コハクチョウの巣とヒナ
カラー版は口絵p.14参照。

ように高さ50㎝ほどになっていました（図4-6b）。ここではクサヨシやヨシを主な巣材としていましたが、本来の繁殖地であるタイガでは、その場所に多くある植物を使うのでしょう。材料に用いられる植物の種類は異なっても、巣の形や大きさの概要はこの写真から伺い知ることができるはずです。

抱卵後期だったこのとき、時々立ち上がっては転卵しており（図4-6c）、そのときに5個の卵を確認することができました。抱卵しながら、くちばしで巣材を寄せ、体の周囲の巣材をかさ上げしていました。また、均一に卵を温めるためでしょうか、立ち上がった後に再び座るときには、立ち上

図4-6　残留オオハクチョウの繁殖
a：川の中州につくられた残留オオハクチョウの巣。おそらく左端で寝ているのがオス、右端で巣に座っているのがメス（その間の白いものはゴミ袋と思われる）。b：抱卵している親。c：時々立ち上がっては転卵する。d：孵化したヒナ。

がる前とは違ったほうを向き、抱卵を続けました。その後、5月25日から26日にかけて5羽のヒナが孵化(ふか)しました（図4-6d）。極東ロシアの本来の生息地であれば、5月下旬といえば、繁殖が始まったばかりの時期です。環境に応じて柔軟に対応する能力を、そこに見ることができます。

さて、ガンカモ類の営巣には捕食者対応が重要であると前述しましたが、体の大きなハクチョウ類は、その大きな身体によってホッキョクギツネ（図4-7）などの捕食者を追い払うことができるため、小型のガンカモ類よりも捕食者の影響を受けにくいのです。そのため巣づくりに小型のガンカモ類よりも時間を割けるので、洪水対策として高さのある巣をつくることができ、それによってなわばりを脅かす他個体の侵入や、捕食者の接近をより早く見つけることができます。

一方で、同じツンドラでもコロニーで営巣するコクガンやハクガン（図4-8）などのガンカモ類は、シロフクロウ（図4-9）などの猛禽類やカモメ類、アジサシ類など、ほかの鳥の近くで巣

図4-8　ハクガン
（写真提供：狩野博美氏）
カラー版は口絵p.10参照。

図4-7　ホッキョクギツネ
（写真提供：池内俊雄氏）

をつくります（図4-10）。これは、ほかの鳥が捕食者を早く見つけたり、警戒や防衛をしたりすることで、自らの巣を守ることができるためです。

また、キンクロハジロやホンケワタガモ（図4-11）のように、カモ類のなかにはカモメ類のコロニーのなかで繁殖するカモ類もいます。コロニーの中心部近くで営巣するほど、捕食者が近づけないため、巣が守られる一方で、孵化したヒナがカモメに食べられるというリスクもあります。

水面採食性カモの多くは、水辺から100m以内の場所に巣をつくり

図4-9　シロフクロウ
（写真提供：Kyle H. Elliott氏）

図4-11　ホンケワタガモ
左2羽がオス、右2羽がメス。（写真提供：Kyle H. Elliott氏）カラー版は口絵p.8参照。

図4-10　コクガンの繁殖地
コクガンとともに、シロカモメ（胸の白い鳥）などの姿も見える。
（写真提供：佐藤達夫氏）

ます。水辺に近いほど、孵化したヒナを安全な水辺へ早く連れていける利点がある一方で、捕食者に見つかる危険性も増します。そのかけひきのなかで、彼らは巣の場所を決めており、水辺から遠い巣ほど繁殖成功が高い傾向があります。

巣を隠すのではなく、そもそも捕食者が近づけない場所に巣をつくる種もいます。たとえば、小型のガン類の一種であるカオジロガンは、キツネが到達できない崖の岩棚に巣をつくります（図4-12）。しかし、捕食者が近づけないメリットと同時にデメリットもあります。それは、孵化したヒナは安全な水辺へ移動するために、崖を転がり落ちなければ親と合流できないことです。

このように、水上や地上で営巣するガンカモ類は、コハクチョウのように、目立つ巣ながらも高さを活かして周囲を眺め、他個体の侵入や捕食者の接近を知ったり、コクガンやハクガンのように、コロニーで営巣して他種の防衛を利用したりするなど、さまざまな方法を用いて接近する捕食者に対応しています。

図4-12　カオジロガン
（写真：iStock.com/Bkamprath）
カラー版は口絵p.11参照。

●樹洞を利用した営巣と托卵

オシドリや、ミコアイサ（図4-13）などのアイサ類のように、樹洞（図4-14）を使うことで、捕食者から巣を隠す種もいます。ただし、自然にできる樹洞の数には限りがあるため、キツツキ類など、ほかの鳥が使った古い樹洞も利用します。ミコアイサは、クマゲラ（図4-15）がつくった古巣をよく利用し、両種の分布はほぼ一致しています。

　捕食者に見つからないよう巣をつくり、維持し、警戒を怠らないことは、個体に時間や体力といった多大な労力を強います。つまり、その個体にとってはコストを払っていることになります。そこで、ほかの鳥の巣に卵を産み込んで、ヒナを育ててもらう托卵により、初めから自分の子をほかの鳥に育ててもらう種もいます。

　ツクシガモ（図4-16）やホシハジロの仲間、海ガモ類*などでは、自分で巣をつくりながらも同種の他個体の巣に自分の卵を産み込む、「種内托卵」をする習性が知られています。托卵をすれば、自

図4-14　樹洞で抱卵中のオシドリのメス
（写真提供：高木昌興氏）

図4-13　ミコアイサ（オス）
（写真提供：狩野博美氏）
カラー版は口絵p.7参照。

分自身で子育てする手間や時間が省けますから、そうした繁殖にかかるコストを大きく減らせることになるのです。極端な例はズグロガモ（図4-17）で、この鳥は自分で巣をいっさいつくらずに、メスは他種の水鳥の巣に托卵します。

卵と抱卵

●早成性と晩成性

鳥類の育雛は、「早成性」と「晩成性」で大きく異なります。早成性は、ガンカモ類をはじめ、キジ類、シギ・チドリ類で見られ、卵の中でヒナがある程度成長してから孵化するタイプです。そして、卵から孵化したとき、ヒナにはすでに羽毛が生えており、孵化後すぐに歩けるな

図4-16　ツクシガモ
（写真提供：麻山賢人氏）
カラー版は口絵p.14参照。

図4-15　クマゲラ
（写真提供：谷岡 隆氏）

図4-17　ズグロガモ
左がオス、右がメス。（写真：iStock.com/Foto4440）カラー版は口絵p.8参照。

＊海ガモ類　沿岸域に主に生息する大型の潜水採食性カモ類。

ど自力で活動できます。

晩成性は、鳴禽類などのヒナで見られ、孵化したときには羽毛はほとんど生えておらず、歩けず、巣の中から出られず、自力では何もできません。食物を与えてもらうなど、しばらく親の世話が必要です。

ガンカモ類は、早成性の鳥類のなかでも比較的大きな卵を産みます。もちろん種ごとの体の大きさに応じて卵の大きさはさまざまで、最も大きなコブハクチョウ（図4-18）では350g程度ほどありますが、マガモでは50gです。一般的に、小型の種ほど体の大きさに対して重い卵を産む傾向があり、平均するとメスの体重の6％程度の重さの卵を産みます。カナダガン（図4-19）やアオハクガン（ハクガンの青色型、図4-20）では、同じメスでも年齢を重ねるにつれて、大きな卵を産むようになることが知られています。また、卵が大きいほど生まれるヒナが大きいことも知られています。

さらに、ガン類やハクチョウ類では、高緯度で繁殖する種ほど、メスの体重に占める卵重の割合が高くなります。北極圏など高緯度

図4-18　コブハクチョウ
カラー版は口絵p.14参照。

図4-19　カナダガン
（写真提供：箕輪義隆氏）
カラー版は口絵p.12参照。

になるほど夏が短く、気象条件も厳しくなるため、大きな卵を産んで大きなヒナをかえすことで、早い成長を促していると考えられています。

●一腹卵数

1羽のメスが1回の営巣で産む卵の数を「一腹卵数」といいますが、それも種によってさまざまです。オオハクチョウでは4～5個（多いもので7個）、マガンでは4～6個（多いもので9個）、カモ類ではさらに多くの卵を産む傾向があり、マガモでは9～13個、オナガガモでは7～9個（多いもので12個）です。

この一腹卵数は、基本的には卵が大きくなるほど少なくなる傾向があるようです。ほかにも、この一腹卵数を決める要因にはいくつかの仮説があります。「抱卵時に効率的に温めることができる数」、「一腹卵数が多くなり産卵期間が長くなるほど、巣に親がいない時間が長くなることで捕食を受けやすくなるため、捕食されにくい産卵期間に産むことのできる数*」などです。このように卵の大きさ以外にも、一腹卵数にはさまざまな要因が関係していると考えられています。

図4-20　アオハクガン
（写真提供：城石一徹氏）カラー版は口絵p.10参照。

*産卵は主に朝の数時間のうちに巣内で行われるが、日中、卵を産み終えたメスが巣を離れて活動するときに、巣内には卵が残され誰からも守られていない状態となり、捕食者に見つかると捕食される。一腹卵数が多くなり、産卵期間が長くなるほど、産卵開始から抱卵開始までの間に、巣に親がいない時間や日数が長くなり、捕食を受けやすくなる。

産卵期の親の行動は、基本的に毎日1卵を巣内に数時間かけて産み、それ以外の時間は巣外で過ごします。つまり、産卵期中の親は卵を温めません。そして、抱卵はすべての卵が産み終わってから始まるため、親の体温によって卵の中の胚が一斉に発達を始めます。このようにして、産み落とされるのに数日間の差があっても、各卵の温められた時間はほぼ同じになります。つまり、すべての卵を温め始めるタイミングを同じにすることで、すべての卵が数時間差で一斉に孵化するのです。

●抱卵時の雌雄の役割分担

抱卵時の雌雄の役割分担には、「雌雄ともに世話をする」「メスだけが世話をする」「托卵によって世話をしない」の3つのタイプがあります。カモ類では、メスだけが抱卵するタイプが一般的で、メスが抱卵に入ると、オスは巣から離れて別の場所へ移動します。ガン類のオスは、メスが座っている巣の周りでなわばりの警戒にあたります。

コハクチョウなどのハクチョウ類は、雌雄ともに世話をするタイプで、メスが巣にいないときは、オスが卵の上に座ります。ただし、コハクチョウのオスには、親の体温を直接卵に伝えるための羽毛がない部分、すなわち抱卵斑（ほうらんはん）*はありません。また、卵全体を温めるようにするための転卵なども行わず、メスほど卵の世話をしません。もっぱら、座って卵が冷えないようにすることに集中するようです。

抱卵期間は、おおむね22〜36日ほどで、卵が大きくなるほどその期間が長くなる傾向があります。また、高緯度で繁殖する種ほど抱卵期間が短くなる傾向があります。卵の上に座っている時間も種によって異なりますが、最も長いミカドガン（図4-21）では、2日ごとに少し休みをとるだけで、オスが防衛しているそばで、メスは抱卵期間の99.5％の時間、卵の上に座り続けます。一方で、カモ類のメスは、ガン類よりも巣に座っている時間が短い傾向があり、抱卵期間の20％の時間を巣から離れて過ごす種もいます。カモ類やガン類のなかには、巣から離れるときに綿羽を卵の上にかぶせて保温するとともに、卵を隠す種もいます（図4-22）。

こうした巣でのメスの滞在時間の違いは、捕食圧*の違いによるものと考えられています。ガン類の巣は、草陰など目立たない場所につくるカモ類の巣よりもオープンで目立つ場所につくられることが多く、オスが守って

*抱卵斑　体温を卵によりよく伝えるため、卵を温める親の腹部の羽毛が繁殖期に抜け落ち、皮膚が露出した部分を指す。繁殖期が終わると羽毛が生えて、抱卵斑は消失する。

図4-21　ミカドガン
（写真提供：森口紗千子氏）
カラー版は口絵p.11参照。

いるとはいえ、巣に座っていること自体が捕食者に対する防衛となります。巣の上に長時間、飲まず食わずで滞在し続けるために、ガン類のメスでは、抱卵するためのエネルギー源として、体内の脂肪蓄積量が重要となります。

隠れた場所に巣をつくるカモ類は、オスがいなくても、メスはある程度巣の外に出られるため、抱卵中も採食でき、エネルギーを確保できます。前述したように、オスとメスで抱卵するハクチョウ類では、メスはオスに抱卵を任せることができるため、カモ類やガン類より長い、抱卵期間の20〜40％ほどの時間を巣外での採食にあてることができます。

●種により異なる托卵の方法

ガンカモ類の托卵では、同じ種や同じ属の巣に托卵する例が多く、属も違うまったく別の種の巣に托卵する傾向は少ないようです。また、ガン類やハクチョウ類、水面採食性カモ類の托卵は比較的まれです。しかし、一夫一妻でつがい相手を替えないカオジロガンでも、ある年に24％もの家族が托卵を受けていたことが、DNA解析によってわかった例もあります。

種や地域によって托卵率に違いはありますが、ホシハジロの仲間で見る

図4-22　綿羽に覆われたコクガンの巣
（写真提供：澤 祐介氏）

*捕食圧　捕食者が、捕食によってある生物群に対しておよぼす作用のこと。

と、オオホシハジロ（図4－23）は、アメリカホシハジロ（図4－24）による托卵をひんぱんに受け、多いときには95％以上の巣が托卵されている地域もあります。

子育て（育雛）

●刷り込み

ガンカモ類のヒナには、「刷り込み」と呼ばれる有名な行動があります。孵化後、初めて見た動くものを親だと思い込むことによって、その後ろをついて歩くというものです。刷り込みが起こりやすい時期は、孵化後およそ13～16時間といわれ、その時期のヒナには親とそれ以外を区別する力があまりないため、ヒトなど別種の動物などが、親として刷り込まれることもあります。この本能的な習性は、孵化後すぐに巣から離れる早成性のヒナにとって、親にしっかりついて歩けることで生存の可能性を高める、重要なものです。

また早成性の場合、孵化後のヒナは、ほぼ自力で活動できますが、自ら体温を保つことが難しいため、孵化後しばらくは寒い日や夜に

図4-24　アメリカホシハジロ（オス）
（写真提供：箕輪義隆氏）
カラー版は口絵p.5参照。

図4-23　オオホシハジロ（オス）
（写真提供：城石一徹氏）
カラー版は口絵p.5参照。

親に体を温めてもらいます。それ以外にも、捕食者への警戒や採食場所への誘導など、親がいなければヒナは生きていけません。この時期のヒナはきわめてか弱く、キツネや猛禽類、カモメ類、カラス類など多くの捕食者に狙われています。

孵化後、ガン類ではオスとメスの両方が、カモ類ではメス親が、ヒナを連れて安全かつ食物となる植物の多い場所へ移動します（図4－25）。ハクチョウ類は、自身の広いなわばりのなかで育雛できますが、カモ類やガン類は、巣から離れて移動せざるをえません。1km程度の短い距離を移動するものから、ガン類のなかには、10kmもの距離をヒナ連れで移動するものもいます。

この移動時に最も重要なことは、捕食者への対応です。雌雄でヒナを世話しているガン類やハクチョウ類は、捕食者の接近に対して協同で防衛します。一方、多くのカモ類では、シギ・チドリ類でも見られる、怪我をしているように見せかけた「偽傷行動」によって捕食者の気をそらせ、ヒナから捕食者を遠ざける行動をとることがあります（図4－26）。

図4-26　カルガモの偽傷行動
（写真提供：箕輪義隆氏）

図4-25　コオリガモの家族
（写真提供：Kyle H. Elliott氏）

●カモの「保育所」

育雛期、ガンカモ類では「ヒナ混ぜ」という現象が見られることがあり、少なくとも40種程度で知られています。ヒナ混ぜは、限られた育雛場所に、同じような大きさのヒナのいる家族が複数いるような場合に生じやすく、メス親やつがいがほかの親のヒナを受け入れたり、誘拐したりすることで生じます。ときには100羽以上のヒナを連れていることもあります。

そうした状態は「保育所」と呼ばれ、ケワタガモやツクシガモの仲間でよく知られています。保育所をつくる理由として、さまざまな仮説がありますが、その1つは捕食者への対応です。保育所をつくることで、1羽当たりの捕食される確率を減らしたり、捕食者の発見率を上げたりすることによって、ヒナの生存率を高めることができるのです。

ホンケワタガモでは、カモメ類の攻撃に対して、大きな保育所ほどヒナの生存率が高くなります。しかし、大きな保育所は目立つため、カモメ類の攻撃を受けやすいというデメリットもあり、ツクシガモでは、小さい保育所の方がヒナの生存率が高いという結果もあります。

一方で、複数の家族のいる高密度な状態の水域で、親同士がお互いの家族を受け入れないときには、闘争に発展することがあり、その結果、カルガモでは相手の家族の子どもを殺してしまう、「子殺し」が起きることもあります。

●巣立ちは〝独り立ち〟ではない

ところで、晩成性の鳥類では、ヒナはちょうど飛べるようになる時期に巣を出るため、この時期を一般的に「巣立ち」と呼びます。ただしガンカモ類の場合、ヒナが親と一緒に巣から出る、すなわち巣立ちの時期にはヒナはまだ飛べません。飛べるようになるまでタイムラグがあるため、ガンカモ類の場合､飛べるようになる時期と巣立ちはイコールではないのです。

ガン類やハクチョウ類のヒナでは、飛べるようになるまでの間、翼より脚が先に発達します。これは、飛べない間、地上性の捕食者から逃げるために速く走らなければならないためです。そして飛べるようになる頃には、脚の成長はほぼ終わります。飛べるまでの日数は、体の大きい種、低緯度で繁殖する種ほど長くなる傾向がありますが、40～60日ほどです。

換羽

●換羽期を狙った捕獲調査

1993年夏、ロシア北極圏のコリマ川下流域（図3-1参照）で、ヒシクイをターゲットとした捕獲調査に参加したことがあります。換羽（かんう）で飛べなくなっている時期を狙って捕獲し、首環（くびわ）標識をするためです。

日本では、ヒシクイたちはもちろん飛べる状態にあり、農地で探していればすぐに鳥を見つけることができ、警戒されないように注意すれば、車で近くまで寄ることができます。

一方で、ロシアでは日本のようにはいきません。当たり前ですが、道路もない果てしなく広がるツンドラで鳥を見つけるのは、それだけで困難を極めます。地上からの探索では、きわめて限定的な範囲しか調査できないため、ロシア人は小型飛行機（セスナ機）を使います。調査範囲を網羅するように飛行し、鳥を見つけたら、ボイスレコーダーで記録していきます。セスナに驚いて飛んでいく鳥もいますが、換羽期のガン類は、大きな湖にまとまった群れで浮かんでいるのがわかります（図4-27）。

図4-27　セスナ機から見た換羽中のガンの群れ

捕獲方法は、きわめてシンプルです。ヒシクイやマガンといったガン類が換羽している湖の周りの一部に、岸に沿うように網を張り、その中央に集まったガンたちを収容する場所をつくります。漁で使う定置網のような形です。そして、両サイドに網の端を持つ人を配置したら準備万端です。最初に、カヌーで湖の奥から水面にいるガン類の群れを、ゆっくりゆっくり網の方に誘導します。私は片側の網を担当しましたが、ガン類の群れの奥にカヌーが見え、それがだんだん近づいてくると、緊張感が高まります。カヌーに追われて網の方へ近づき、逃げ場を失ったガンたちは、陸に上がると網の方向へ向かって一気に走り始めます。そのとき、両サイドの人も網を持ち上げながらガンたちに近づき、カヌーと一緒に追い込んで、群れを網や人でぐるっと囲うようにすることで、一網打尽にするのです（図4-28）。

その後、捕獲した鳥にできるだけストレスを与えないように、速やかに計測や標識といった調査上の処置をした上で、放鳥しなくてはなりません。数百羽を捕獲したこのときは、7～8時間飲まず食わずで計測や標識の装着作業をしました。第3章の「ガンカモ類の渡り」でも捕獲の苦労を述べ

図4-28　追い込まれて捕獲されたガンたち

ましたが、このガン類の捕獲を思い出すと、飛べない鳥は本当に無力なものだとあらためて思います。

●飛べなくなる換羽期

さて、ここで「換羽」という言葉について説明しましょう。古い羽が落ち、新しい羽が生えることを換羽と呼び、鳥類は、基本的に年に1回以上必ず行います。ガン類やハクチョウ類では、換羽は年1回ですが、カモ類は少なくとも年2回の換羽を行います。

多くの小鳥の換羽と異なり、ガンカモ類の換羽で特徴的なことは、飛べなくなる時期があるということです。具体的には、飛翔するために必要な初列風切羽（しょれつかざきりばね）と次列風切羽（じれつ）が、繁殖後に同時に抜けてしまうのです（図4-29、口絵16頁参照）。ガン類やハクチョウ類の非繁殖鳥や繁殖に失敗した親は、換羽をするために移動をするものもあり、換羽地でまとまった群れで過ごします。

まったく飛べなくなる期間は2週間程度ですが、その前後を含めて1カ月程度は、特定の湖にとどまります。前述したガン類の捕獲

図4-29　換羽中のカルガモ
初列風切羽と次列風切羽が抜けて間が空いているように見える（矢印）。（写真提供：箕輪義隆氏）

調査は、こうした群れを狙ったものでした。また、第2章で述べた、まだ繁殖をしない幼鳥のコクガン「43番」も、特定の湖に1カ月ほど滞在していたので、この湖が換羽地と推察されます。

●換羽のタイミングとエクリプス羽

ところで、子をもつ親の換羽はどうなっているのでしょう。家族のいる親は、非繁殖鳥や繁殖に失敗した親に遅れて換羽を開始します。その時期は、連れている幼鳥の風切羽が半分生えてきた頃にあたります。そして、幼鳥の風切羽が生え揃って飛べるようになると同時に親の換羽も終わり、家族一緒に飛べるようになります。秋の渡りは、換羽の終わったものから始まるため、家族は非繁殖鳥に遅れて渡りを開始します。

カモ類では、メスの抱卵が始まると、オスは巣を離れてオスだけでまとまった群れをつくり、メスより先に換羽を開始します。そして換羽が終わると、オスはメスの羽色によく似た「エクリプス羽」（30頁の注参照）になります。そのエクリプス羽のまま日本に渡ってくるため、秋にカモ類を見ると、すべての個体が茶色っぽく、みんなメスに見えてしまいます。しかし、よく観察すると、エクリプス羽でもマガモのくちばしの黄色やハシビロガモの虹彩の黄色など、オスだけの特徴からオスだと判定できます。その後、つがい形成のためオスはエクリプス羽から繁殖羽に換羽し、美しい羽色となります。

カルガモの繁殖

これまでは、極東ロシアで繁殖し、日本に渡ってくるガンカモ類の繁殖生態について述べてきましたが、最後に日本で広く繁殖するカルガモについて少し述べます。ほかのカモ類と異なり、カルガモは雌雄同色で、地味な茶色をしています。ただし、上尾筒(じょうびとう)と下尾筒(かびとう)の羽毛を見ると、オスでは黒色ですが、メスの羽縁は茶色をしているため、その部分がオスでは黒一色、メスでは鱗(うろこ)模様に見えます（口絵16頁参照）。近くで見ると、雌雄でのその色合いの違いがわかります。

ところで私の学生時代の話になりますが、修士論文の研究対象として、カルガモを選びました（カモのなかでも私の好きな鳥なのです）。その研究テーマとして、「なぜ雌雄が同色なのか？」を取り上げようと思ったことがありました。私は、「隠ぺい効果の高い、地味な色合いの羽色の一夫一妻のガン類のオスは、巣を防衛するなど繁殖に大きく関わる」、「派手な色合いの渡り性のカモ類のオスは、メスの抱卵が始まると巣を離れ、繁殖期の一時期しかつがい関係を維持しない」、「自力で防衛できる体の大きなハクチョウ類は、白色の目立つ色をしている」という3つの事実から、「メスと同色の地味なカルガモのオスは、渡り性のカモ類よりも繁殖に関わる程度が高いのではないか」という仮説を考え出したのです。

このことを明らかにするには、個体識別のための標識をした上で、詳細な観察をする必要がありました。しかし、そもそも巣が見つからない、捕獲が難しい、標識が難しい（足環を付けても水面下では見えない）など、研究初心者の私はさまざまな問題にぶち当たってあえなく玉砕し、結局、別のテーマで修士論文を書きました。しかし、このテーマは今でも私のなかで熾火のようにくすぶっています。いつか明らかにしたい研究テーマなのです。

さて、話を戻しましょう。カルガモは、春になると草本類などを組み合わせた30㎝程度の皿状の巣を、水辺から少し離れた地上につくります。川の中州などでは、集団で繁殖することもあります。8～13個の卵を産み、抱卵期間は26～28日程度です。

初夏、オスだけの群れができているのが観察されますし、ヒナ連れのカルガモの親はいつも1羽だけなので、どの時点かはわかりませんが、ほかのカモ類と同様に、オスは繁殖の途中どこかで巣を離れると考えられます。そして毎年、「カルガモの引っ越し」などとテレビや新聞などで報道されるように、メス親は、安全で食物の豊富な水辺へヒナを連れていき、そこで育雛をします。

かつて、千葉県市川市の行徳鳥獣保護区で、カルガモの個体数変動を調べたとき、6～9月に個体数が増加した後に一度減少し、12月以降の越冬期に再び増加していました。繁殖期の個体はより南へ移動し、越冬期の個体はより北から飛来してくると考えられ、国内移動していると推察されます。

羽毛のひみつ

山階鳥類研究所　森本 元

「鳥類の最大の特徴は羽毛である」といっても過言ではないでしょう。空を飛べない鳥はいても、羽毛の生えていない鳥はいません。ですから、あながち誇張表現というわけではなく、的を射た言い方だと思っています。

羽毛は鳥の生態と密接に関係しています。まず、全身をほぼ覆い尽くしているので、鳥の外見を決めています。たとえば、カモ類にはオスが派手でメスが地味な種が多いですが、その鮮やかな色も目立たない茶褐色も、どちらも羽毛の色です。同種の雌雄で色が違うというのは、私たちヒトと比べるとなんとも不思議な話です。

さらに、鳥の羽毛は空を飛ぶための重要なパーツです。風切羽（かざきりばね）や尾羽などは、鳥が羽ばたき空中に浮き上がり、望む方向へと移動するために必須です。飛行機でたとえるなら、エンジンと翼の両方の役割を担っています。また、身体を覆う体羽は、体温調整のためにも機能しています。羽毛は温度と湿度のコントロールに優れた特性を発揮する素材であり、

ガンカモ類
豆知識2

私たち人間も、その特性を活かしてダウンコートといった衣類や布団などに羽毛を利用しています。また、鳥たちは尾脂腺(びしせん)からの分泌物を塗って羽毛のメンテナンスに余念がありません（48頁参照）。これによりガンカモ類は、上空から水中まで多様な環境で活動できるのです。

羽毛は私たちの髪の毛や体毛と同じように、ケラチンというタンパク質でできています。しかし、ヒトの頭髪と異なりのび続けることはなく、換羽という羽毛の生え替わりによって定期的に新しくなります。換羽に要する時間は一般的に数日から数週間程度であり、

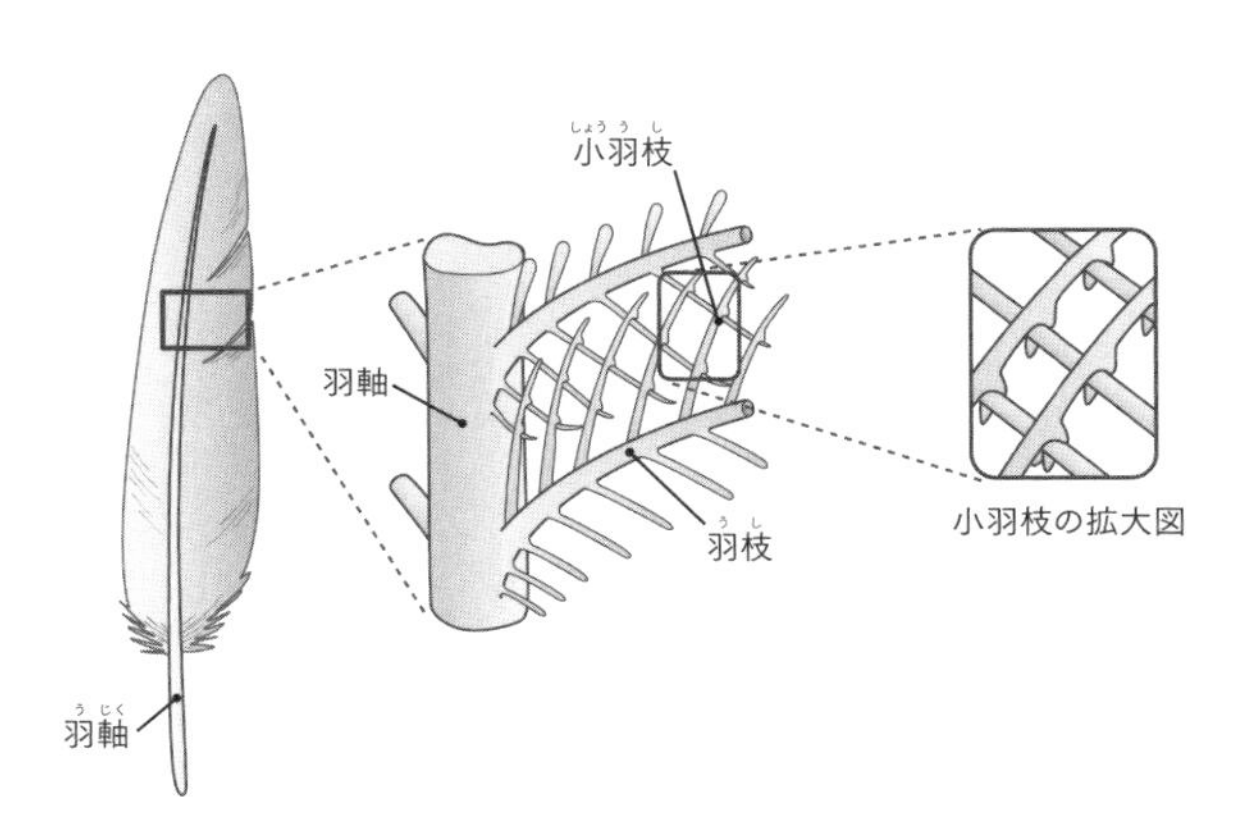

羽毛の構造
羽毛はどれも共通の構造をしている。中心部に木の幹のような羽軸があり、そこから生える枝のようなものが羽枝、さらにそこから多数生えるのが小羽枝。風切羽などでは小羽枝が隣の羽枝や小羽枝に引っかかることで、羽全体が1枚の板のようにつながっている。

全身の多くの羽毛が生え替わる期間を換羽期と呼びます。換羽には少しずつ換羽する方法と、全身や特定の部位をまとめて換羽する方法があり、どの方法をとるかは種によって異なっています。風切羽を少しずつ換羽することで常に飛べる状態を維持する種もいますし、ハクチョウやガン類のように、換羽地にて飛翔羽をまとめて換羽し、その期間は飛べなくなってしまう種もいます（129頁参照）。換羽は主に年2回または1回行われ、これも種によって異なります。同じ種の鳥の外見や色が時期や年齢によって変化するのは、この換羽によるものです。カモ類のオスは、秋に越冬地である日本に到着したばかりの頃、エクリプス羽（30頁参照）であるため、メスに似た地味な茶褐色の外見をしていますが、その後、オス特有の鮮やかな見た目の羽に換羽します。

これら羽毛の色は、羽毛内部に発色の仕組みが隠れています。鳥の羽毛の発色の大半は、赤系統の発色をするカロテノイド色素、茶色や黒色を発色するメラニン色素のほか、羽毛内部の微細構造による光の散乱といった、色素に依存しない方法で発色する構造色によるものです。このように、羽毛は発色から撥水性・防水性・保温性といったさまざまな機能をもつ多機能素材といえましょう。

第5章

越冬地での暮らし

ガンカモ類たちの到着

冬には、毎日のように聞くことのできるガンカモ類の声ですが、毎年秋、渡ってきた鳥たちの声を初めて聞くときはいつも新鮮で、「ああ、今年も来てくれた」という安堵感を覚えます。空から「コホー、コホー」というコハクチョウの声が聞こえてきます。でも、見上げても探すのに一苦労。これは渡ってきたばかりの群れが、かなり高い空を飛んでいるからです。

点のような群れを見つけてしばらく観察していると、群れは鳴き合いつつ、ゆっくりと旋回しながら次第に高度を下げて、農地に降り立ちます。「ようやく到着した！」という雰囲気が、彼らから伝わってきます。そして、しばらく羽づくろいをしてから休息に入ります。こうして秋になると、次々とガンカモ類が日本に到着し、鳥たちで賑やかな冬を迎えます。

宮城県北部にある伊豆沼・内沼は、ガンカモ類の国内最大級の越冬地です。私の博士論文のテーマは、マガンの越冬生態であり、この伊豆沼・内沼をフィールドに、ガンカモ類にこだわって研究を続けてきました。よくいわれることですが、研究を始めるときの流れには、テーマを選んでから対象を決めるか、対象を選んでからテーマを決めるか、の2つがあります。研究の王道は、前者だと個人的には思っています。もちろん鳥はすべて好きなのですが、研究対象として、ガンカモ類しか目に入らない私は後者です。幸せなことに、伊豆沼・内沼にはたくさんのガンカモ類が越冬します。職場でもある伊豆沼・内沼は、ガンカモ類の仕事をしたい私にさまざまなテーマを与えてくれました。

もう1つの幸運は、フィールドにいられるということです。データをとっているときだけが研究ではありません。ある鳥の行動パターンを解明するために、あれこれ悩んでいると、ずっとそのことが頭にあり続けます。朝、通勤時の気温や積雪の状況、事務室から外に目をやればいつでも見られる沼の様子、書類を届けたり会議に向かったりするために移動する車の中から何気なく見る鳥の様子などから、解決の糸口が見えてピンとくることもあります。

フィールドのなかで生活することによって、より多くの生態解明のヒントを得られるのだと思います。あとはその感覚が正しいかどうか、本格的にデータをとって定量的に評価して論文にします。ときに、感覚とデータが違うこともありますが、それはそれで新たな発見につながります。フィールドが日常のなかにあるのは、研究者にとって幸せなことだと感じています。

伊豆沼・内沼について

前置きが長くなってしまいましたが、ここでは、本書ですでに登場している伊豆沼・内沼をより詳しく、また三陸海岸南部沿岸なども含めた、宮城県北部でのガンカモ類の越冬生活を紹介します。まずは、本書の多くの研究の舞台となっている伊豆沼・内沼の概要を記します。

伊豆沼・内沼（伊豆沼中央：北緯38度43分、東経141度6分、標高6m、**図5－1**。**図4－1**も参照）は宮城県北部に位置し、県内を南北に流れる北上川の支流である、迫川（はさまがわ）に流入する荒川の中流部にあります。面積491ha、最大水深1.6m、平均水深77cmで、「広くて浅い」のが特徴です。富栄養化した沼（第6章参照）で、水底の大部分は泥に覆われていますが、岸際の一部は砂泥（さでい）質となっています。

夏にはハスをはじめ、ヒシ類やアサザ、ガガブタなどの水生植物が広く

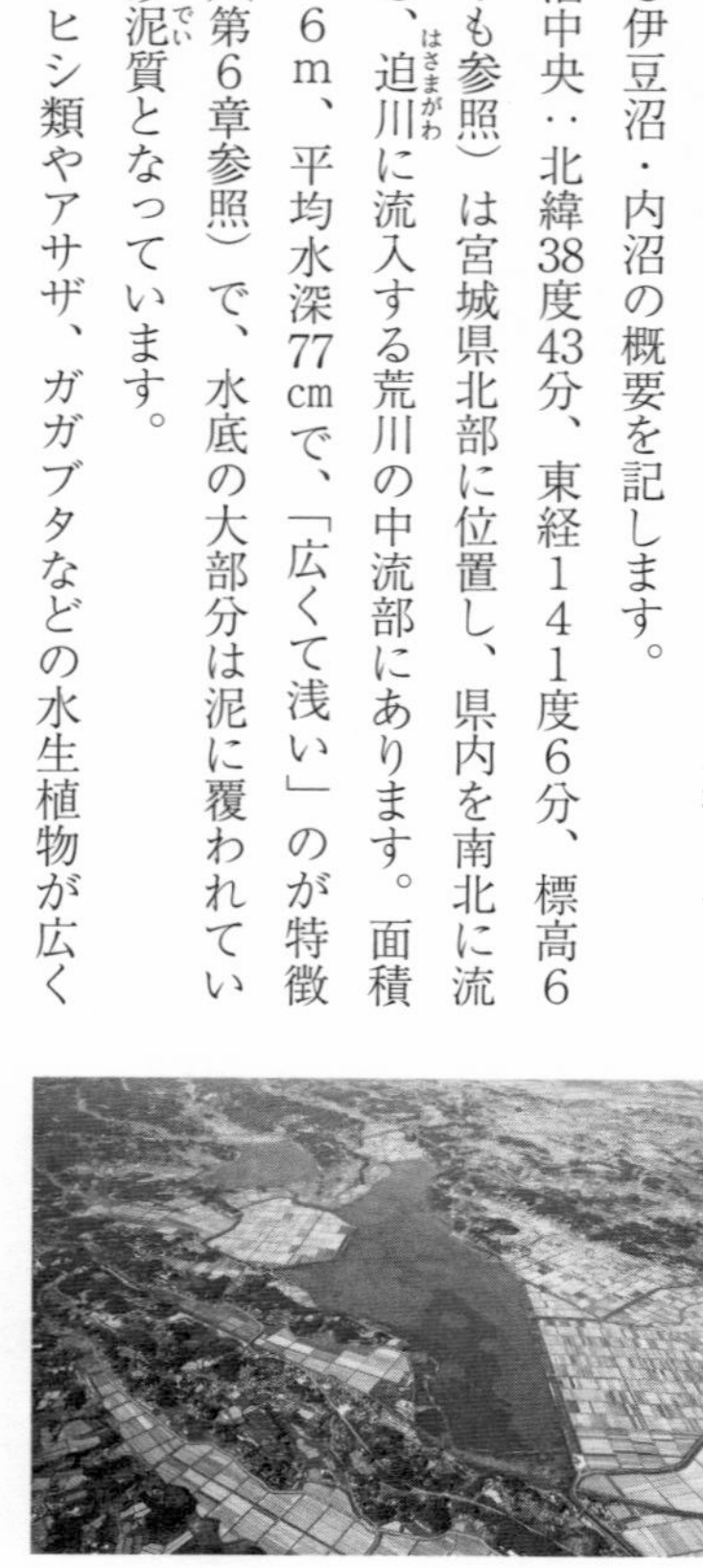

図5-1　空から見た伊豆沼・内沼
東の方角から撮影。手前が伊豆沼、奥が内沼。（写真提供：宮城県）

分布します。沼の周囲を見ると、そのほとんどが水田を主体とした農地で、沼の水を灌漑（かんがい）用水として利用しています。

1967年に国の天然記念物、1982年に国指定の鳥獣保護区、1985年にラムサール条約*の登録湿地になりました。伊豆沼・内沼では、これまで外来種のコブハクチョウやコクチョウ（**図5-2**）を含めて、13属40種のカモ科鳥類が記録されています。

伊豆沼・内沼は環境省によって、毎年1月中旬に全国で実施されるガンカモ類の生息調査や、「モニタリングサイト1000」（第8章参照）の調査地になっていて、定期的にガンカモ類のモニタリングが行われています。こうした基礎的な調査に加えて、これまでに食物資源量調査、個体別の行動調査やUAVを活用した調査（第2章参照）、さらにはGPS送信機による追跡調査などを行ってきました。

越冬期のガンカモ類にとって、最も重要なことは、「いかに食べるか」ということです。その視点に立って、彼らの暮らしぶりを眺めていきましょう。

図5-2　コクチョウ
（写真提供：麻山賢人氏）カラー版は口絵p.14参照。

＊ラムサール条約　国際的に重要な湿地やそこに生息する動植物の保全を促進するため、1971年2月2日にイランのラムサールという都市で開催された国際会議で採択された、湿地に関する条約。正式名称は「特に水鳥の生息地として国際的に重要な湿地に関する条約」。ラムサール条約という名称はその通称。

ハクチョウ類の越冬生活

環境省の全国一斉のガンカモ類生息調査のデータから、1996年から2019年の記録を抜き出してハクチョウ類を見ると、伊豆沼・内沼では、オオハクチョウが多いことがわかります（図5-3a）。オオハクチョウの個体数変動を見ると、2009年まではおおむね1000羽前後で推移していましたが、2011年以降個体数が増加し、2017年には最大数の6412羽を記録しました。一方で、コハクチョウは年変動が大きく、0〜数十羽程度で推移していますが、多くても2008年に記録した157羽です。

伊豆沼・内沼ではオオハクチョウが多く見られますが、全国的に見ると、オオハクチョウで2万羽、コハクチョウで4万2000羽ほどが飛来しています。オオハクチョウは、伊豆沼・内沼や、それより少し南にある蕪栗沼（かぶくり）（図4-1参照）など、大きな沼を中心に生活していますが、コハクチョウは河川を中心にねぐらをとり、その周辺の農地で採食しています。コハクチョウ類でも、宮城県内で両者の利用する環境は少し異なってい

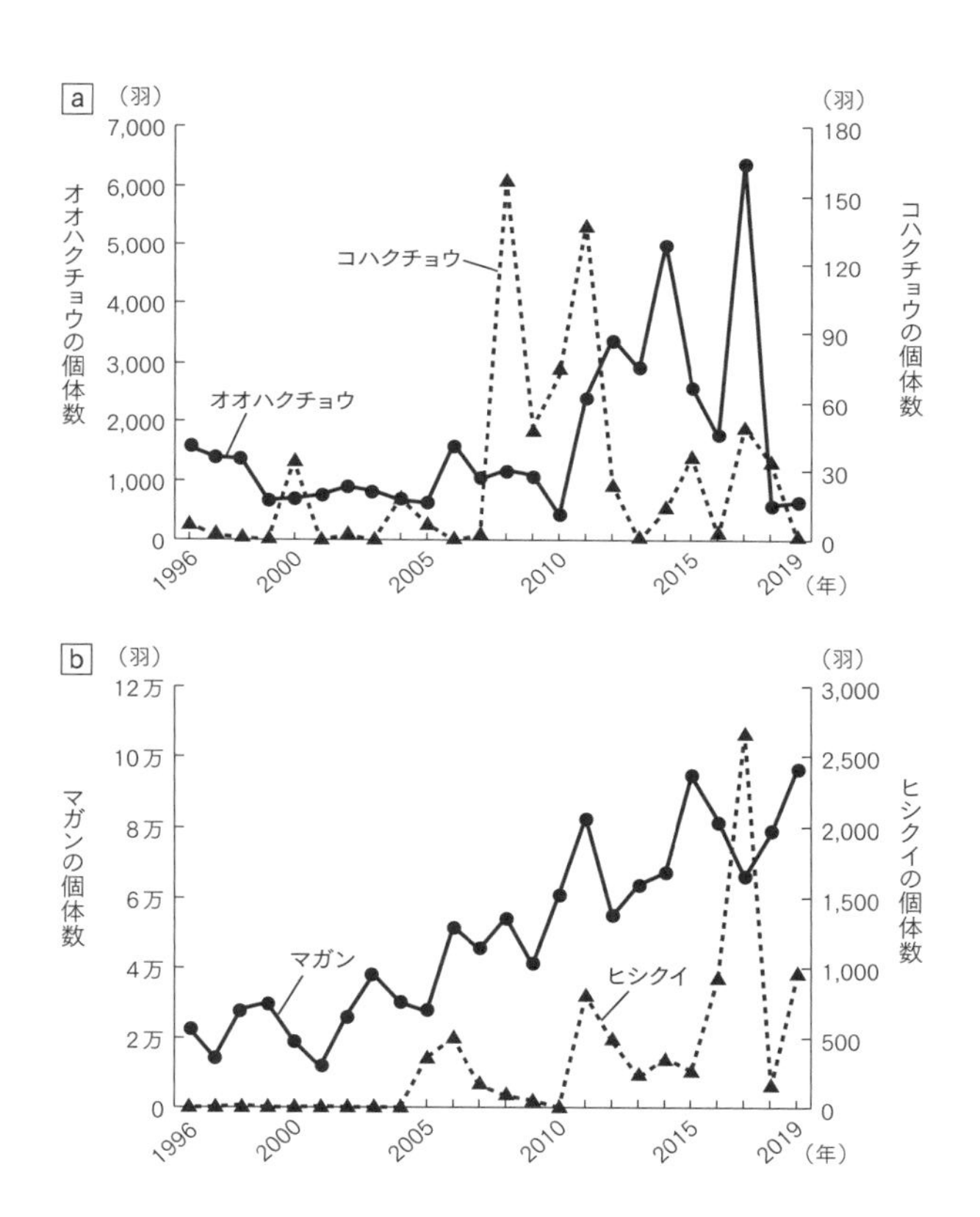

図5-3　伊豆沼・内沼におけるハクチョウ類、ガン類の個体数変動
a：ハクチョウ類、b：ガン類。（嶋田 2020より改変）

ます。

以下、個々にその調査結果を見ていきます。

●オオハクチョウの倒立採食

2015／16年、2017／18年に、伊豆沼・内沼で越冬するオオハクチョウ5羽にGPS-TX（第3章参照）を装着し、追跡しました。そして得られた位置情報をもとに、その個体が利用した場所の環境も確認しました。渡りのように国外へ移動してしまうと、その個体の利用環境の確認はできませんが、国内にいればGPSで得られた位置情報を頼りに確認できます。

その結果、オオハクチョウは夜間、沼でねぐらをとり、昼間に活動する昼行性の種であることがわかりました。昼間はハスやマコモ群落などが分布する岸寄りの水面や、給餌場所に滞在したほか、沼に隣接した農地も利用していました（図5-4）。これまでの目視観察で得られた結果でも、オオハクチョウは、沼に強く依存した生活をしていました。

彼らはハスやマコモ群落では、泥中の地下茎を食べています。ハスでい

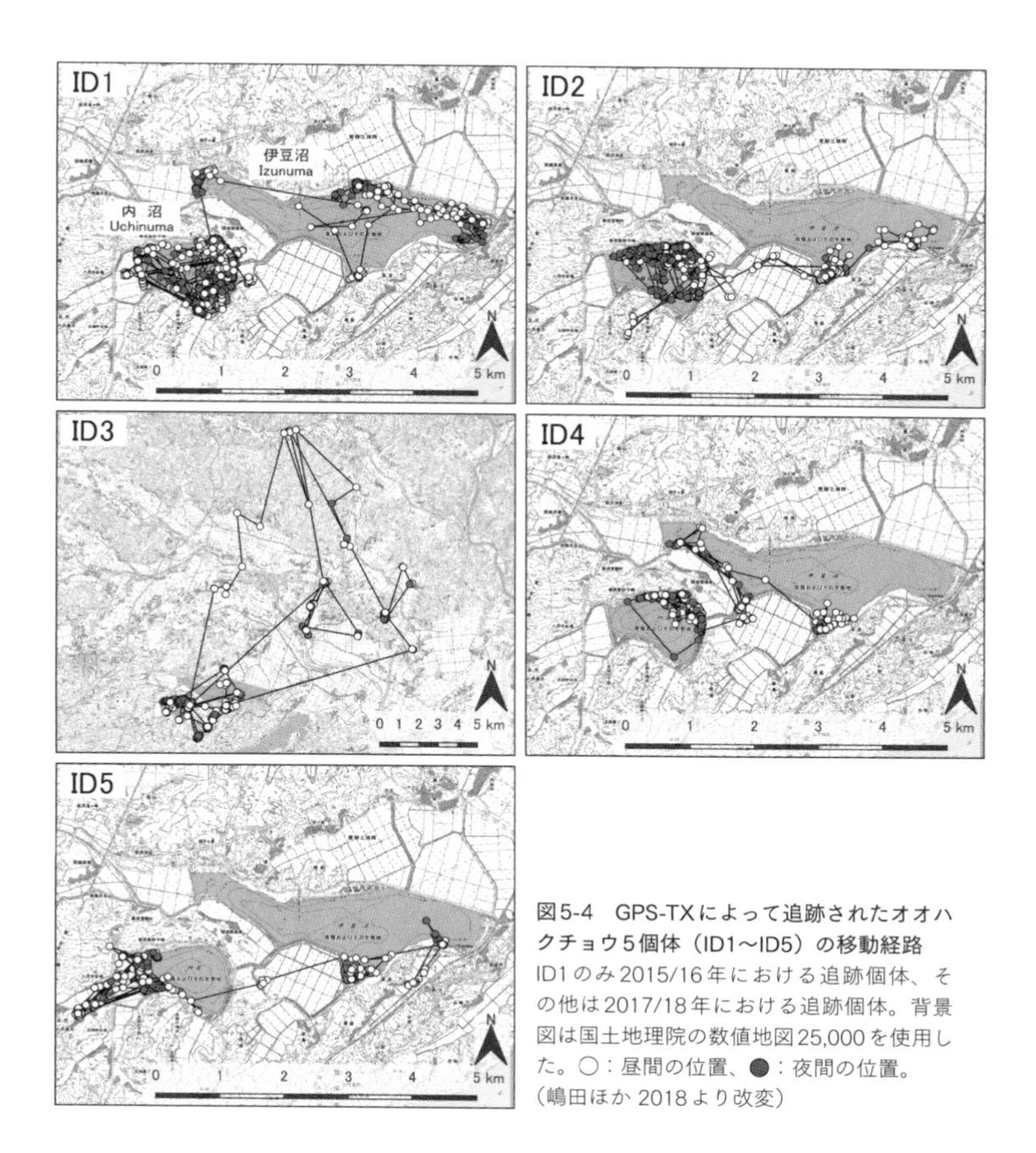

図5-4　GPS-TXによって追跡されたオオハクチョウ5個体（ID1～ID5）の移動経路
ID1のみ2015/16年における追跡個体、その他は2017/18年における追跡個体。背景図は国土地理院の数値地図25,000を使用した。○：昼間の位置、●：夜間の位置。（嶋田ほか 2018より改変）

えば、つまりレンコンです。体が大きく、首の長いオオハクチョウは、多少の水深があっても倒立採食（図２－８参照）によって、レンコンを食べることができます。

レンコンの多くは、水底から50cmほどの泥中にあります。オオハクチョウが沼に浮かんでいる場合、脚の付け根から下は水中に没しますが、倒立採食中には、付け根から下の脚と尾羽だけが水上に出て、それ以外の部分が水中に没します。オオハクチョウの脚の付け根から尾羽の先端までの長さは、剥製による計測でおよそ50cmです。

全長約１４０～１６５cmからその部分を差し引くと、水中に没しているのはおおよそ90～１１５cmとなります。そのうち、泥の部分を除く40～65cmが、倒立時にオオハクチョウが採食できる水深となります。伊豆沼・内沼は、最大水深１６０cm、平均水深77cmですから、浅瀬を中心に、オオハクチョウがレンコンを食べることのできる水深範囲は、大きく広がっているといえます。

しかし、あまりにも水深があるとさすがに首が届きません。そのため、オオハクチョウは水位に応じて、沼と農地を使い分けます。水位変化には、

＊落ち籾　主要なイネ刈り方法はコンバインとバインダーという機械によるもので、コンバインでは刈り取りから脱穀、イネの裁断まで一連の作業を行い、バインダーは刈り取りだけを行う（図５－９参照）。落ち籾はその刈り取りのときに水田に落ちた籾。

降水や降雪などによる短期的な変化のほか、長期的な変化もあります。沼の水は、人が灌漑用水として利用するため、台風シーズンの秋には水位を下げ、翌春の農作業に備えて冬の間に少しずつ水を貯めていきます。

　そのためオオハクチョウは、水位が低いときは沼でレンコンやマコモの地下茎などを採食し、水位が高くなってくると、農地で落ち籾（もみ）*を採食するようになります（図5-5）。給餌場所は水際にあるため、水位の高低にかかわらず採食が可能で、水位変動の影響を受けません。

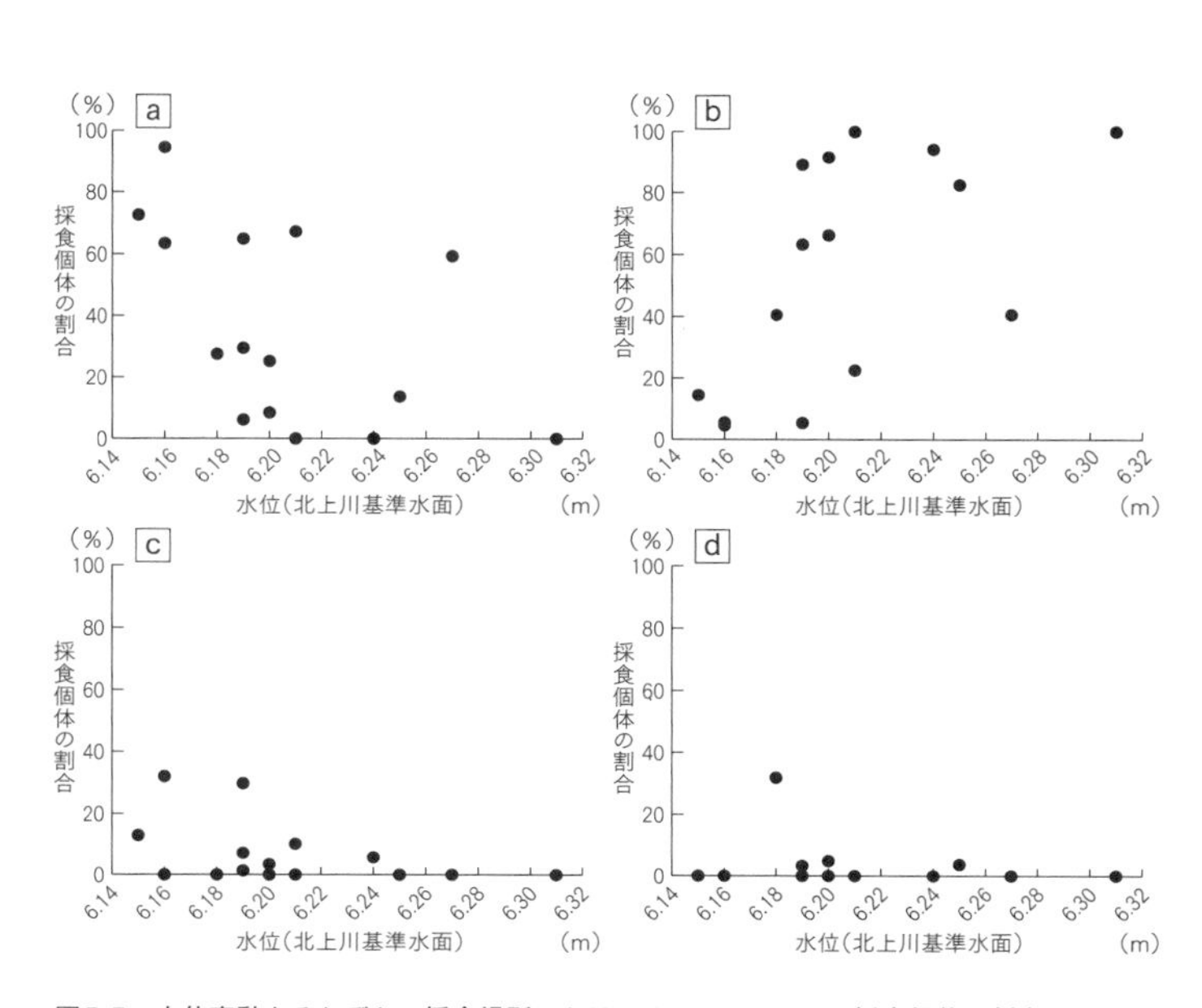

図5-5　水位変動とそれぞれの採食場所におけるオオハクチョウの採食個体の割合
a：ハス群落、b：水田、c：マコモ群落、d：給餌場。設定した複数の地点から沼全体をカバーして行動を調べた。黒丸は水位別に異なる環境ごとに見た採食個体の割合を示す。同じ水位で複数の黒丸がある場合は、その水位のときに複数回調査を行ったことを示す。（嶋田ほか 2017より改変）

レンコンと落ち籾で、エネルギー獲得量の比較をしたことはありませんが、農地で落ち籾をちまちま食べているよりは、レンコンの方が食べ甲斐があるでしょう。また、落ち籾はマガンも利用するため、越冬期が進むにつれて、その量は枯渇していきます。そのため、オオハクチョウは基本的には沼でレンコンを食べたいと考えていると思います。

オオハクチョウによるレンコンの採食行動を観察すると、倒立のほかにも浅いところでは、脚を動かして泥を掘っているような様子を見せ、それなりの技術が必要なようです。その採食間隔は平均3・3分に1個の割合で、10cm程度のものを中心に、数cm～30cm程度のレンコンを採食していました。食べ甲斐があるといっても、食べるためにかかる労力はなかなかのものだと思います。

こうしたハス群落のように、食物を獲得するために技術を要する採食場所には、幼鳥のいる家族はあまりいません。家族は、餌をもらえる給餌場所や落ち籾を拾える農地にいます。幼鳥は初めての場所での冬越しとなるため、採食のための技術が未熟なのでしょう。親はそうした幼鳥でも食物を容易に得られる場所を選択しているのだと思います。

農地で見ると、漉し取り採食をするオオハクチョウ（第2章参照）は、湛水田など水のある場所を好みます。しかし、今回の追跡でオオハクチョウが利用した水田はすべて乾田でした。これは、そもそも調査時に沼周辺に湛水田がなかったためですが、つまりは、漉し取り採食が得意なオオハクチョウは、食物をついばむこともできるということです。

●オオハクチョウの採食圧の影響

オオハクチョウは、2016／17年の越冬期、6412羽の最大数を記録しました（図5-3a参照）。その冬は、ヨシ刈りなどの保全作業の効率化や少雨によって、例年よりも水位が平均26cm低下しました。水位の低下にともなって、レンコンの採食できる範囲が広がったため、オオハクチョウの数が増えたのです。しかし、レンコンはハスにとって翌年に生長するための大切なエネルギー源です。それをオオハクチョウによって食べられてしまえば、その場所からハスは消失します。

実際に、このオオハクチョウの採食圧*によって64.4ha（伊豆沼の水面面積357haの18%）のハス群落が消失しました。こうしたガンカモ類が

＊採食圧　動物が植物を食べる強度。

関わる生物間相互作用の強弱は、そのエネルギー要求量や食物内容、採食効率に左右され、一般的にハクチョウ類のような大型のガンカモ類ほど、その影響が大きいといわれています。

オオハクチョウの採食圧の影響は、ハス群落の減少だけにとどまりませんでした。ハスが再び沼の水面を覆う次の夏に、沼の水中に含まれる酸素量を示す溶存酸素濃度を調べてみると、前年よりも高い値を示しました。また、その濃度分布を見ると、ハスのない開放水面の面積が大きい場所ほど高かったのです。すなわちハスがなくなり、空気中の酸素が沼の水に取り込まれることなどで、溶存酸素濃度が上昇したのです。

ハスが覆っていたときには、溶存酸素濃度はほぼゼロに近く、魚介類の生息できない濃度で、生きもののいない死の世界に近い非常に危機的な状況でした。また、ハスが水面を覆う面積の増加が、マガンのねぐら場所にも影響を与えているのは前述の通りです（第2章参照）。水位低下によって拡大したオオハクチョウの採食行動は、ハス群落の分布、そして水質にまで影響を及ぼしたのです。

ガン類の越冬生活

●増加する伊豆沼・内沼のマガン

伊豆沼・内沼のガン類では、マガンが最も多く、年を追うごとに個体数が増加しています（図5－3b参照）。2019年には9万6724羽を記録し、伊豆沼・内沼、蕪栗沼周辺など宮城県北部には、日本に飛来するマガンの9割ほどが集中しています。一方で、全国的に見ると、マガンの個体数が増加している地域は宮城県北部のみで、北陸地方の片野鴨池（かたのかもいけ）や山陰地方の出雲平野など、ほかの越冬地では減少傾向にあります。

伊豆沼・内沼でのマガンの越冬生活を見ると、夜間は沼をねぐらとして、昼間は周辺の農地で活動し、オオハクチョウと同じ昼行性です。日の出、日没とともに沼と農地の間を移動しますが、その移動のタイミングには、照度が関係しています。そのため、曇りや雨などの暗い日には、朝の沼（ねぐら）からの飛び立ちがより遅れ、夕方にはより早く沼へ戻ってきます。

朝、ねぐらを飛び立ったマガン（図5－6）は、沼から半径12km以内にある農地を利用します。農地に到着後、マガンはさっそく採食を開始し、

図5-6
マガンの朝の飛び立ち
カラー版は口絵p.12参照。

10時くらいまで続けます。お昼頃に一度休息に入りますが、14時以降から夕方にかけて再び採食したのち、沼へ戻ります。

伊豆沼・内沼が凍結することもある厳寒期の1月（第2章参照）には、朝の飛び立ちが遅れるほか、11～12月のような一斉の飛び立ちが見られなくなり、パラパラと分散した群れで農地へ移動するようになります。農地も凍結しているため、朝早く農地に移動しても食べられないということを、彼らは知っているのだと思います。実際に、このような時期、農地に到着したマガンは気温が上がって地面が少し溶けて採食できるようになるまで、農地で休んでいます。

気温だけでなく、積雪もマガンの行動に影響します。積雪が増え、食物を得にくくなってくると、エネルギーを獲得するために採食時間を延ばさざるをえず、昼間も休まずに一日中採食するようになります。そして畦(あぜ)など雪が早く溶けた場所を、いち早く利用します（図5-7）。また、雪の少ない伊豆沼・内沼の南や東の地域へ採食場所を移すようになり、その近くのさらに別の沼や河川でねぐらをとるため、伊豆沼・内沼や蕪栗沼に集中していた群れが、分散するようになります。

図5-7
雪の日、畦で採食するマガン

こうした採食時間の変化や、局所的な分布の変化でも対応できないくらいに積雪が多くなってくると、大規模な南下が起こります。2000／01年には、12月中旬以降積もった雪が増加してゆき、積雪20～30cmという状態が1カ月以上続きました。そのとき、伊豆沼・内沼からおよそ60km南に離れた、普段はほとんど見られない仙台平野東部の農地で、最大1万羽ほどのマガンが記録されました。

●マガンの農地利用

宮城県北部におけるマガンの増加の要因を、食物資源量の観点で見てみます。農地におけるマガンの主要な食物は、収穫後に水田に残っている落ち籾です（図5-8）。ほかにも、収穫後の落ち大豆や麦類（小麦と大麦）、

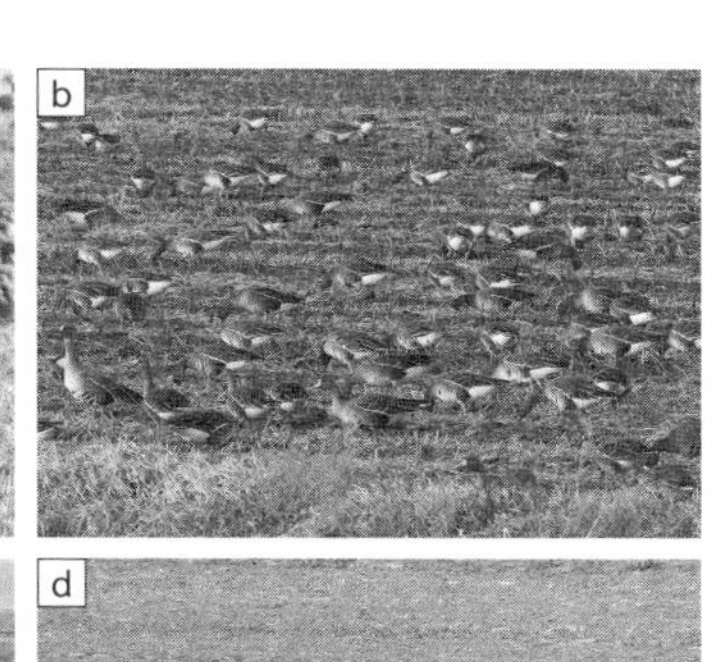

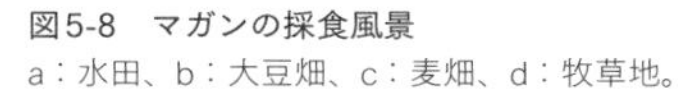
図5-8　マガンの採食風景

a：水田、b：大豆畑、c：麦畑、d：牧草地。

畦の草本類などを採食します。糞の色も、そうした食物に応じて変わり、落ち籾を多く含む糞は茶色、落ち大豆では白色、麦類では緑色になります。

秋、沼周辺では、コンバインとバインダーという2種類の機械でイネの刈り取りが行われます（図5-9）。コンバインで刈った水田では、バインダーで刈った水田よりも8・7倍の量の籾が落ちます。大まかにいうと1haに65kgほどの量です。

1975年以降、宮城県内の圃場（ほじょう）整備率は増加しており、排水性のよくなった大規模圃場の増加とともに、収穫機械がバインダーからコンバインへ置き換わりました。その結果、マガンの食物となる落ち籾量は、年を経るごとに増加しました。ただし、収穫後にイネの藁（わら）や株を土に漉（す）き込む「秋起こし」を行うと、落ち籾も一緒に漉き込まれるため、その量は激減します。マガンが採食している水田をよく見ると、コンバイン刈りで秋起こしをしていない水田を選んでいることがわかります。

さらに、1998年以降、転作作物として作付される大豆の圃場面積が増加しました。落ち大豆の資源量は、コンバインで刈り取った後の水田の落ち籾量に比べ、5・5倍です。マガンがその資源を見逃すわけはありま

図5-9　イネの刈り取り作業の流れ
（バインダーとコンバインの写真提供：篠原善彦氏）

せん。見通しのよい場所を好むマガンは、刈り取りが終わるのをちゃんと待ってから大豆圃場に入り、落ち籾と同様に、収穫後の落ち大豆を利用します。落ち籾に落ち大豆が加わったことで、マガンの食物資源量は全体として増加しました。

農産業の有様はめまぐるしく変化しますが、その変化にともなうマガンの反応を見ると、１９９０年代後半のマガンは、越冬初期、伊豆沼・内沼周辺の水田で落ち籾を食べ、落ち籾の消費が進むにつれて、沼近くから遠くの水田へ、採食場所を移動して対応していました。

２０００年代後半に入ると、個体数増加にともなって落ち籾の消費速度が増加したため、沼から遠く離れた水田の落ち籾も、11月下旬には枯渇するようになります。一方で、大豆圃場が増加したことによって、大豆が収穫される11月後半以降、マガンは大豆圃場に集中し、落ち大豆を採食するようになりました。マガンは、農産業の変化に巧みに対応しながら、十分な食物を得られたことによって良好な状態で越冬することができ、それがマガンの個体数増加の一因となったと考えられます。

●気候変動の影響

個体数増加の要因には、越冬地だけでなく繁殖地の状況も影響すると考えられます。その要因の1つが、気候変動です。ハクチョウ類を見ると、オオハクチョウでは、インディギルカ川沿いの繁殖地にある、極東ロシアのチョクルダフ（図3-1参照）における5月の平均の日最高気温が高い年ほど、その年に日本で越冬するオオハクチョウの幼鳥数が増加します。

また、コハクチョウの繁殖地に近い、極東ロシアのチェルスキーの5～6月の最高気温は、年を経て上昇していて、気温が高い年ほど日本に飛来するコハクチョウの幼鳥数が増えます。気候変動によって繁殖地での気温が高くなるにつれ、凍土の融解が進んで食物として利用可能な草本類が増え、好適な繁殖場所が増加していると考えられます。それが、マガンにも当てはまるかもしれません。

●牧草地の利用──渡去期の麦類採食

春の渡去期が近づくと、マガンは麦類を採食します。この麦は秋に蒔（ま）かれたもので、ちょうど10㎝程度に生長したものです。麦類は、落ち籾や落ち大豆のような収穫後の残りものではなく、これからの収穫が期待される農作物であるため、食べられてしまうと農業被害が生じ、農業を営む人々の生活に悪影響となります。たとえば、北海道の宮島沼（図３－６参照）周辺では、マガンによる麦類の食害が大きな問題となっています。

マガンが被害を大きくする1つの要因は、「ついばみ採食」という、その食べ方にあります（第2章参照）。麦の葉をついばみながら、根まで一緒に株ごと引き抜くことがあるのです。コハクチョウも麦類を採食しますが、彼らはくちばしを横に傾けてバリカンのように麦の葉の上部だけを食べるので、マガンほど大きな被害を出さないようです。

こうしたマガンの採食は、麦類の分げつ数*の減少をもたらし、それが収量の減収につながります。蕪栗沼周辺で調べたときには、ねぐらである蕪栗沼から遠い圃場ほど被害は少ないものの、収穫期の減収率は38～56％でした。この減収率は、圃場でのマガンの滞在時間や個体数などの違い、すなわち採食圧の違いによって、変化すると考えられます。

一方で、マガンが農作物の生産性を高めることもあります。マガンは河

*分げつ数　イネ科などの植物の根元付近から新芽が伸びて株分かれする数。

川敷の牧草（ネズミホソムギ）地も利用するのですが、牧草の現存量は、マガンの採食によって一時的に減少するものの、およそ1カ月後には採食されていない場所と同程度に回復します。そして、採食された場所では、糞による施肥効果によって、採食されていない場所と比較して窒素含量が2・5倍増加していたのです。マガンの採食によって、ウシも喜ぶ高窒素の牧草ができたのです。

越冬後期、落ち籾や落ち大豆の資源量が枯渇した時期、積雪時に緑色をした大きな植物体が白い雪田から突出して目立つ状態となる、ハクサイやブロッコリーなどをマガンが食べた例もあります。これらの食物はエネルギー量やタンパク質含量が多いのです。また、伊豆沼・内沼以外の越冬地でも、渡去期に高窒素の食物を採食することがわかっています。

このように、落ち籾、落ち大豆、麦類などの食物資源量、栄養価の観点から、時期や気象条件に応じて、マガンは巧みに食物を選択しているのです。

●海外からも注目

最後に、少し話が変わりますが、２０２０年11月にＢＢＣ（英国放送協会）が、伊豆沼・内沼のマガンを撮影に来ました。Japan's Wilderness with Nick Baker（ニック・ベイカーの東北を旅して）という番組の一部です（**図5-10**）。

「あのＢＢＣが撮影に来る？」最初は耳を疑いましたが、伊豆沼・内沼の圧倒的な数のマガンの群れを背景に、これまでの農業との対立やその後の共存（第７章参照）、そして前述したような、増えてきたマガンのことを中心にお話ししました。

ここでは当たり前の光景ですが、番組を見た知り合いの外国人研究者は、農業を営む人々の暮らしのすぐそばに、これほど多くのガンがいることに驚いていました。世界的に視聴されるこのＢＢＣの映像を通して、海外から見に来たいと思う人もいるでしょう。伊豆沼・内沼のマガンは、世界から注目されています。

図5-10　BBCの取材
一番左は筆者、その隣がニック・ベイカーさん。（写真提供：西山麻衣子氏）
＊この取材をもとにした番組については https://www.bbc.com/reel/playlist/japans-wilderness?fbclid=IwAR0hZyvKuN8tIKxvClo-RUbLvXuf6lc8o2dRCR0ZMOA2nkKjC636Rv2MxZ8（2021年９月現在）を参照。

●海で暮らすコクガン

内陸で越冬するガン類の代表がマガンである一方で、これまで紹介してきたように、海で暮らすガン類もいます。コクガンです（第2、3章参照）。宮城県の三陸海岸南部沿岸や仙台市の蒲生干潟（がもうひがた）を中心とした仙台湾などは、まとまった数のコクガンが越冬する地域の南限にあたります（図4-1参照）。東アジアの個体群は5000～8700羽といわれ、そのうち2018年にラムサール条約湿地となった宮城県南三陸町の志津川湾では、100～300羽が越冬しています。

東日本大震災のあった2011年、震災という沿岸部の大規模環境改変が、この海で暮らすコクガンにどのような影響を与えたか調べようと思ったのが、この鳥と関わるきっかけでした。

2011／12年以降の3年間、岩手県陸前高田市の広田湾から宮城県石巻市の北上川河口まで、分布調査をしました。コクガンの個体数は、300～400羽程度で震災前と大きな違いはありませんでした。しかし、コクガンが確認された環境を見ると、漁港で観察される割合が増加していました。

　震災前には、漁港でコクガンが観察されることはまれでしたが、地盤沈下した岸壁や船揚場に付着した海藻類が、コクガンの食物資源となったことや、震災後の漁港への人の出入りの減少にともなって、コクガンが人から妨害をあまり受けずにそれらの場所を利用できるようになったことが、その要因と考えられます（図5-11）。

　さらに、震災前の採食場所であったワカメやカキなどの養殖筏(いかだ)が、津波によって消失したことも、漁港への誘因を促したと考えられます。震災によって、コクガンの生息環境は大きく変化しましたが、採食場所をシフトすることで、その変化に対応できる、行動の柔軟性をこの鳥に見ることができます。

　ＧＰＳ追跡の結果を見ると、コクガンは思いのほか狭い範囲で活動していました。海辺の捕獲地を中心とした６㎞以内の沿岸部を主に利用し、２㎞以上の沖合には出ることはありませんでした。三陸海岸南部沿岸では、コクガンの群れは、いくつかの場所に分かれていますが、このことは、それらの群れの間であまり交流がなく、別々の群れとして行動していること

図5-11
沈下岸壁とコクガン

を想像させます。また、昼間漁港などで活動していたコクガンは、夜間そのまま漁港にとどまることはなく、漁港の沖合で休息していました。

さらに震災直後は沿岸部だけでなく、津波によって内陸部に残存した湿地を利用したことも追跡データで明らかとなり、ここでも、環境変化に対するコクガンの行動の柔軟性が示されました。

●コクガンとアマモ

コクガンはアマモ（図5-12）と関係が深い鳥です。アマモは、コクガンが採食できる海草類や海藻類のなかで、エネルギー量や炭水化物量の多い栄養価の高い食物で、北海道東部の野付湾に多くのコクガンが中継するのも、湾内に存在する膨大なアマモが目当てです。志津川湾では、漁港の船揚場に付着した海藻類をついばみ採食する群れ（図2-6参照）がよく目につきますが、沖合でもコクガンは何かしら食べています。

コクガンのいる漁港の沖合には、たいていアマモ群落が広がっています。野付湾は水深が浅く、アマモはたなびくように水面を覆っているため、コクガンは容易にアマモを食べることができます。しかし、志津川湾のアマ

図5-12　アマモ
（写真提供：阿部拓三氏）

モは水深のあるところに生育しているので、なかなか食べることができません。1つの方法は、ちぎれて水面に浮かんできたアマモを食べることです。それで食物量を賄えるのかと不思議に思うかもしれませんが、漁港に吹き寄せられた、ちぎれた多くのアマモを見ると、それなりの量が水面を漂っています。

もう1つは、オオバンから奪い取る方法です。ある個体がとった食物を、

図5-13　コクガンによるオオバンへの労働寄生
a：オオバン（左）に近づく、b/c：オオバンからアマモを奪う。（Shimada *et al.* 2020 より改変）
（写真提供：佐藤賢二氏）

別の個体が奪う行動を「労働寄生」と呼びます。コクガンは、オオバンが自分で食べるために潜水してとってきたアマモを横取りするのです（図5－13）。これは、コクガンだけが利する一方的な収奪に見えますが、オオバンにもそれなりのメリットがあるようです。

ヒドリガモなどのカモ類も、オオバンからアマモを横取りするのですが、コクガンよりもかなり攻撃的で激しい行動で収奪します。しかし、コクガンと一緒にいると、ほかのカモ類は寄ってこない上、コクガンは〝紳士的〟にアマモだけをスッと横取りするのです。それも毎回奪われるわけではないので、オオバン自身にも、とってきたアマモを食べるチャンスはあります。オオバンにとって、カモ類による労働寄生よりはコクガンといるほうがましなのかもしれません。

●ヒシクイ

伊豆沼・内沼におけるヒシクイの個体数は、年によって変動はあるものの、近年増加傾向にあり、2017年には、最大2663羽を記録しました（図5－3b参照）。1970～1990年代にかけて、伊豆沼・内沼は、亜種ヒシクイの主要な越冬地でしたが、近年、亜種ヒシクイの個体数は減少し、亜種オオヒシクイが主に記録されるようになりました。

亜種オオヒシクイは、越冬初期の低水位時に、伊豆沼西部や内沼東部のヒシ群落でヒシを採食します（**図5-14**）。昼間採食している群れがある一方で、夜間採食する群れもあるようです。また、日の出になり、そのまま伊豆沼・内沼にとどまる群れがある一方で、日の出とともに、蕪栗沼のある南へ飛去する群れもいます。蕪栗沼では、早朝から午前中にかけて、北から飛来する亜種オオヒシクイの群れが確認されているため、一部の群れは、伊豆沼・内沼と蕪栗沼を行き来していると考えられます。蕪栗沼に滞在する群れは、マコモ（**図5-15**）の地下茎を採食します。

マガンと比較すると、亜種オオヒシクイは、群れによって行動パターンが実にさまざまです。そして、水位の上昇や沼の凍結、ヒシの資源量の低下などによって、沼だけでなく隣接した水田で採食する群れも見られるようになります。

亜種ヒシクイは、沼で主に採食する亜種オオヒシクイとは異なり、

図5-15　浅場造成地で増えたマコモ
第７章も参照。（写真提供：速水裕樹氏）

図5-14　ヒシを食べる亜種オオヒシクイ
（写真提供：狩野博美氏）

マガンと同じように水域でねぐらをとり、農地で採食します。宮城県北部では、伊豆沼・内沼や長沼をねぐらとして、その北東方向の農地を利用する群れと、その南の化女沼（けじょぬま）や平筒沼などを中心に、その周辺の農地を利用する群れの2つに分かれているようです。

●その他のガン類

カリガネ（図5-16）、ハクガン、シジュウカラガン（図5-17）は、少し前までは見つけるのに苦労した、希少なガン類たちです。シジュウカラガンは江戸期から昭和初期まで、ハクガンは江戸期から明治初期まで、普通に見られる冬鳥として飛来していましたが、その後、生息地の消失や乱獲などのため、東アジアではそれらの個体群は、消滅の危機にありました。しかし、「日本雁を保護する会」を中心とした回復計画によって、個体数が増加してきました。

本会は、シジュウカラガンについては、アメリカから運ばれたシジュウカラガンを、仙台市八木山動物公園やカムチャツカ半島の繁殖施設で増やし、天敵であるキツネのいない、千島列島のエカルマ

図5-17　シジュウカラガン
（写真提供：狩野博美氏）
カラー版は口絵p.11参照。

図5-16　カリガネ
カラー版は口絵p.10参照。

島で放鳥を行ったのです。ハクガンについては、刷り込み（第4章参照）や兄弟を自分の種と認識するなどのガン類のヒナの習性を利用した仮親作戦がとられました。日本に渡ってくることがわかっているマガンの繁殖地で、マガンの巣の中の卵をハクガンの卵と交換して孵化させ、親のマガンにハクガンの幼鳥を日本に連れてきてもらうというものです。

2019／20年には、シジュウカラガンは5000羽、ハクガンは1500羽を超えました。シジュウカラガンでは、長年にわたる回復計画の取り組みを詳述した本が出版されています（巻末の「参考文献」参照）。また、カリガネは300羽を超えました。シジュウカラガンとカリガネは宮城県北部で、ハクガンは秋田県八郎潟（はちろうがた）で主に越冬します。これらの種の渡り経路や越冬生態の解明に向けた研究は始まったばかりですが、カリガネは牧草地を好み、シジュウカラガンは大豆圃場を好むなど、種によって選択する環境が異なるようです。

カモ類の生息状況

伊豆沼・内沼で越冬するカモ類を、水面採食性カモ類と潜水採食性カモ類に分けてみると、主な水面採食性カモ類4種のうち、オナガガモは、1997年の1万1142羽をピークに減少傾向でしたが、2011年に8258羽、2018年に1万2258羽を記録しました（図5-18a）。

マガモとカルガモの年変動の傾向は、はっきりしません。それぞれ1000～4000羽、500～1500羽前後で推移しました。ただし、カルガモでは、2000年に159羽、2001年に44羽と少ない年もありました。コガモも年変動が大きく、2007年に714羽を記録して以降、減少傾向にあります。

潜水採食性カモ類4種では、ホシハジロは、1997年の1372羽をピークに減少しました（図5-18b）。キンクロハジロも同様に、1997年に247羽を記録して以降、減少しています。カワアイサは、全体的に減少傾向でしたが、2014年以降、50～100羽前後で推移しています。ミコアイサは、1997年に94羽が記録されて後、減少傾向でしたが、2014年以降、個体数が増加し、2018年に182羽を記録しました。

伊豆沼・内沼は、多くのカモ類が見られる場所です。しかし、環境省の全国一斉のガンカモ類の生息調査のデータからカモ類の全国的な飛来数の

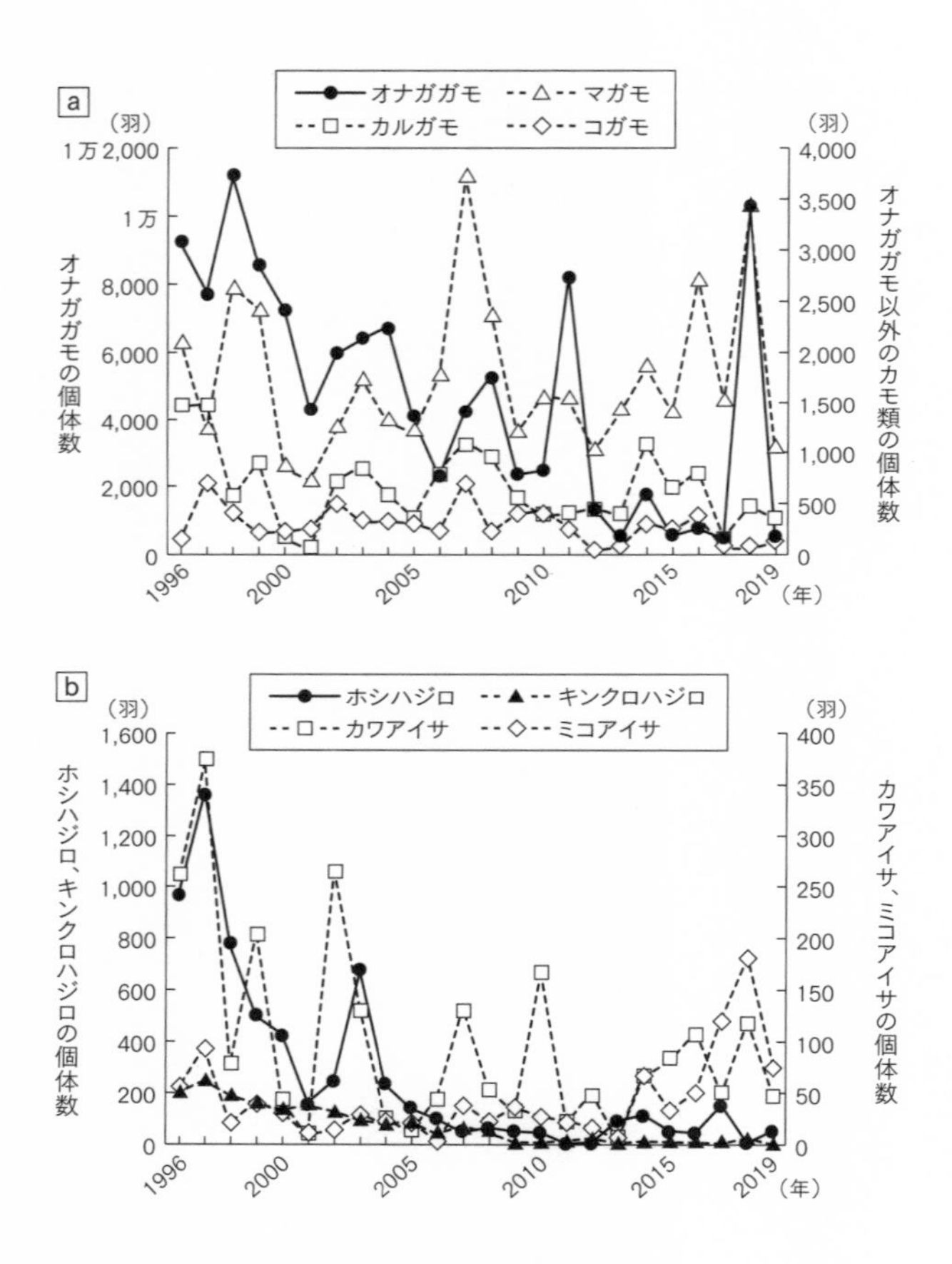

図5-18　伊豆沼・内沼におけるカモ類の個体数変動
a：水面採食性カモ類、b：潜水採食性カモ類。
（嶋田 2020より改変）

長期的変化を見ると、ヒドリガモなど一部の種では個体数に大きな変化はないものの、マガモをはじめ、多くの種が減少傾向にあります。

カモ類の追跡調査

マガンがねぐら入りを終えた後、ヒュンヒュンと羽音をさせながら、カモたちが日暮れの空を飛んでいきます。昼間、休息していた彼らが、夜間活動を開始するのです。目視では夜間の行動を観察できないため、それがカモ研究の難しさの1つとなっています。しかし、これまで述べてきたように、近年は追跡機器という新しい武器があります。伊豆沼・内沼でも、この武器を使ってカモ類を追跡する機会に恵まれました。

さて、問題はこれらの機器を装着するために、どうやって捕まえるかです。このときはオナガガモだけでなく、餌づけにこないマガモなども対象にしていました。コクガンも餌づけにきませんが、昼間に行動するため、動きをじっくり観察できます。しかし、マガモは餌づけにこない上、夜間行動のため、何もわからないのです。

ヒントになったのは、レンコン農家さんとの会話でした。沼近くで伊豆沼レンコンを生産している農家さんからの、カモがハス田に来てレンコンを食べるので困る、という相談が思わぬ解決の糸口となったのでした。カモたちは夜間レンコンを食べているようです。そこで、夕方カモたちが飛んでいく北の方向にあるハス田に、許可を得て監視カメラを設置しました。

また、漉し取り採食する鳥なので、ハス田同様に、水のあるところに行くだろうと当たりをつけて、冬期湛水田（ふゆみずたんぼ）の多い沼北部の農地を車で走り、ライトに驚いてカモたちが飛んだ湛水田にも監視カメラを設置しました。果たして、カメラにはしっかりとカモたちが写っていたのです（図5-19）。そしてハス田や湛水田に特別な許可を得て設置した、かすみ網に似た張り網によって、マガモとカルガモの捕獲に成功したほか、給餌場所でオナガガモの捕獲を行い、装置を装着できたのです。

カモ類を追跡し、得られた位置情報をもとに、その個体が利用した場所の環境を確認するのにも、新しい武器があります。スマートフォンです。前述したマガンの分布や資源量調査では、紙の地図を駆使して調査をしていました。しかし、今は得られた位置情報をスマートフォンに取り込み、

図5-19　冬期湛水田で監視カメラによって撮影されたマガモ
（嶋田ほか 2018より改変）

ナビゲーションシステムを使うことで、鳥たちがいた場所に正確に到達できます。カモ類は広範囲の農地を利用します。紙の地図だと時間をかけて迷いながら探していたであろう場所に、きわめて効率的にアクセスできるのです。技術の進歩は本当にすばらしいです。

●マガモ

２０１５／１６年、２０１７／１８年、２０１８／１９年に、マガモ16個体、カルガモ2個体、オナガガモ7個体にＧＰＳ－ＴＸを装着して追跡しました（**図5-20**）。マガモでは、オス7個体のうち、5個体が昼間、伊豆沼内に滞在したほか、沼外では、ハス田や河川に滞在していま

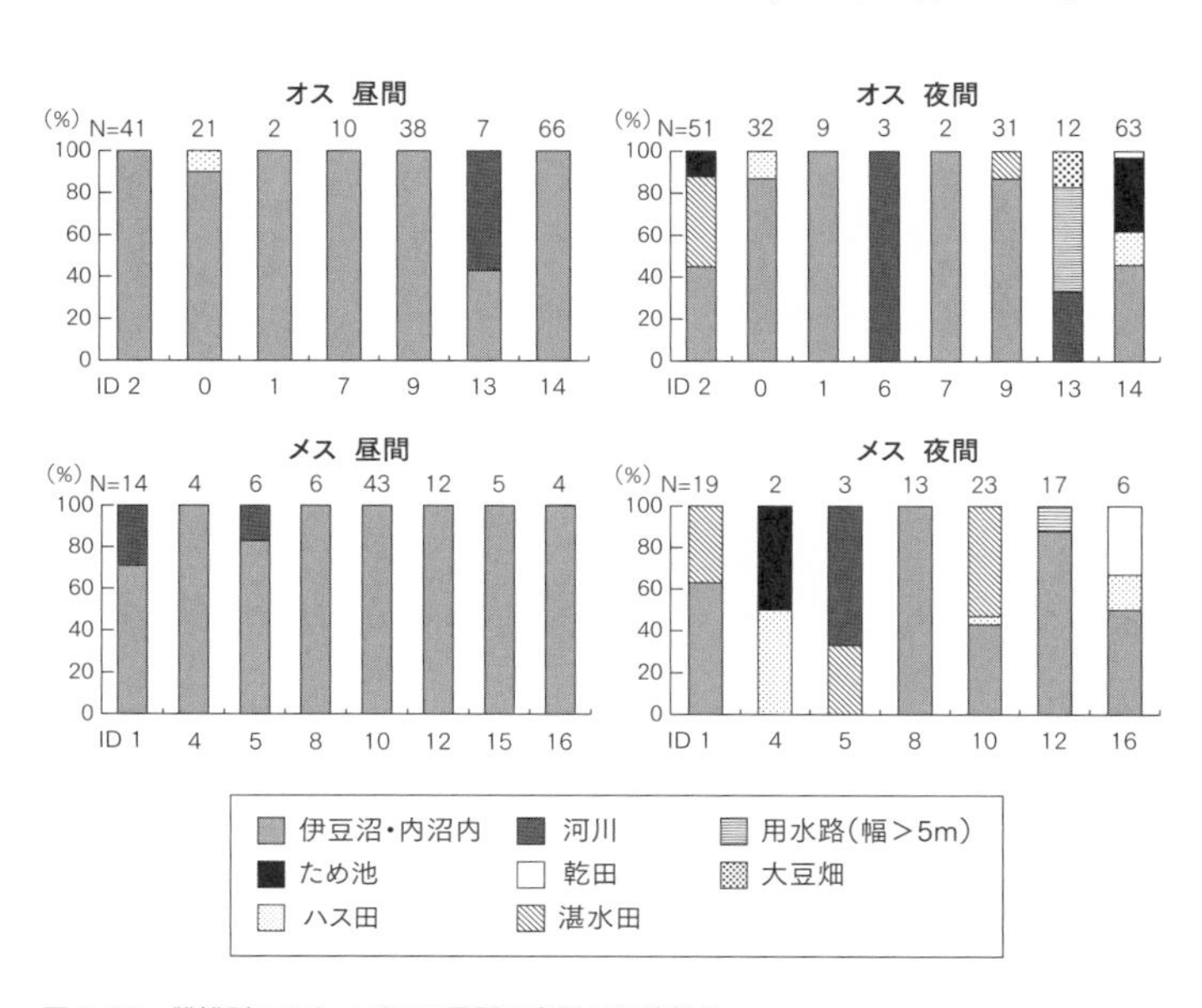

図5-20　雌雄別にみたマガモの昼間と夜間の行動割合
ID: 個体番号、N: 位置情報数。（嶋田ほか 2019を参照して改変）

した。メスもオス同様に、沼内に滞在した割合が高く、8個体のうち6個体は沼内に滞在していました。沼内にいるマガモを見ると、昼間に休息しており、伊豆沼・内沼などをねぐらとしていました。

夜になると、オスメスとも沼北部の農地に移動しました（図5-21）。オス8個体の夜間の行動を見ると、個体ごとに行動パターンにばらつきがあり、4個体では、高い割合で沼内に滞在した一方で、沼外ではハス田と湛水田を利用しました。その他2個体では、沼内にそれぞれ45%、46%の割合で滞在し、沼外では、湛水田やため池などに滞在しました。

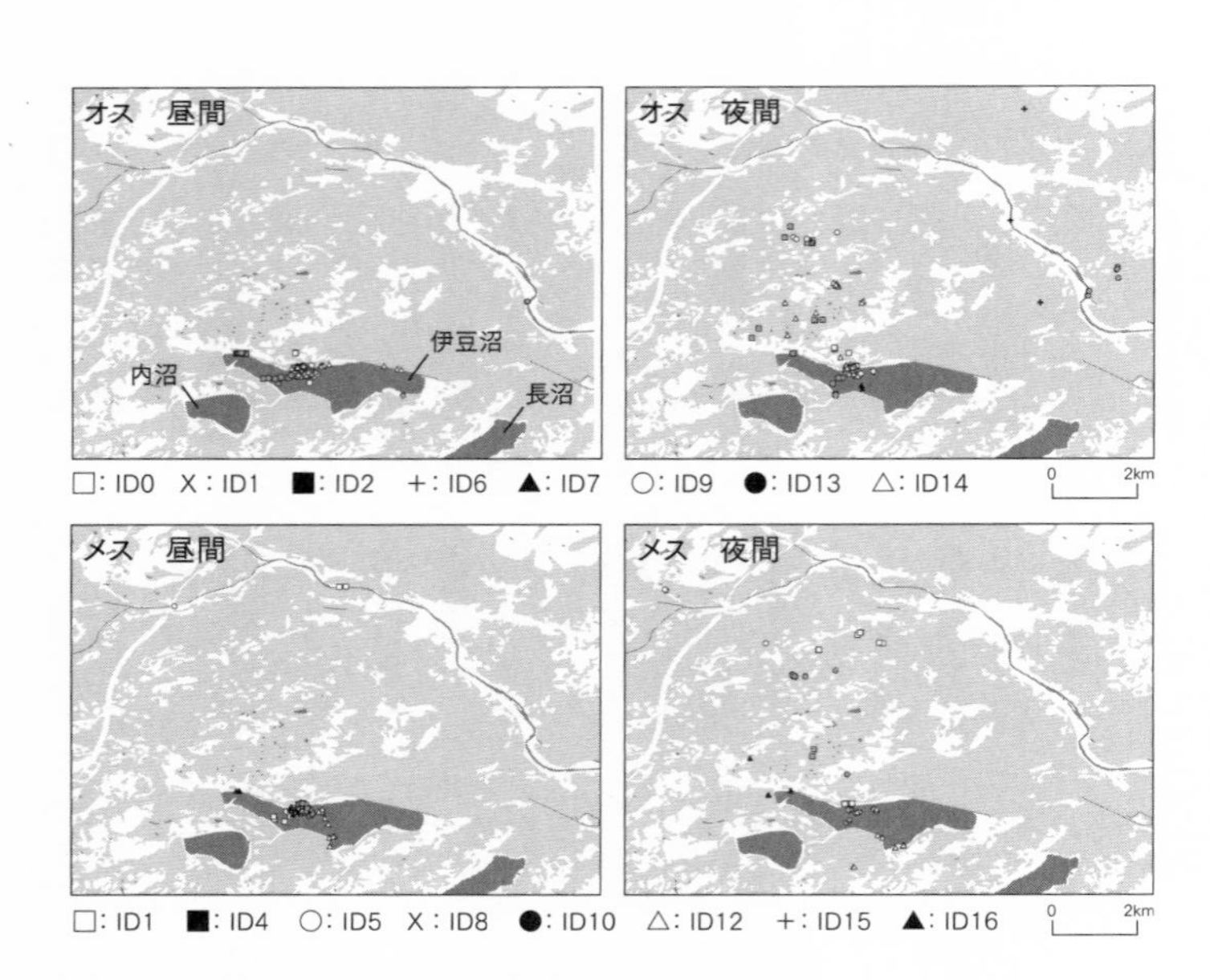

図5-21　GPS-TXによるマガモの追跡調査
オス8個体、メス8個体の分布を追跡。オスID2とメスID1のみ2017/18年における追跡個体、その他は2019年における追跡個体。■：水域、■：農地。（嶋田ほか 2019より改変）

また、すべての時間を沼外の河川や広い用水路で過ごす個体もいました。例数は少ないものの、その傾向には個体によってばらつきがあるようです。

メスもオス同様に、個体によって沼内で過ごす時間にばらつきがあり、沼外では、ハス田や湛水田、ため池、河川などを利用していました。このように、行動パターンに個体ごとのばらつきがあるものの、沼外では、湛水田やハス田など水のある環境を利用したことは共通していました。

夜間、マガモは、湛水田やハス田など水のある環境を主に選択しましたが、その傾向は、海外を含めたこれまでの知見と一致します。そしてその選択は、その地域で利用できる環境やその配置、ねぐらからの移動労力などに影響されます。マガモは、伊豆沼・内沼周辺の湛水田やハス田などの配置や移動労力に対して、個体で反応が異なるため、夜間の移動方向、環境選択などの行動パターンが、個体間でばらつくと考えられます。

●カルガモ

カルガモは、昼間、オスは伊豆沼内で過ごす割合が50％で、それ以外では沼外のため池と狭い用水路（川幅５ｍ以下）を利用していました。メスは沼内でのみ過ごしていました。位置情報を得られた場所を調べていて、それが狭い用水路だとわかったときは驚きました。「本当にここにいたのか？」と疑問に思っていたのですが、ある用水路のそばで、GPS－TXを付けたカルガモに出会ったのです（図5－22）。GPS－TXは見にくく、ひとたび放鳥すると、外見から装着した個体かどうか判別することはほとんどできないため、このカルガモとの再会はうれしいものでした。

夜間、カルガモのオスは主に沼外で活動し、狭い用水路やハス田で過ごしていました。メスでは、沼内にいる割合が58％で、沼外ではハス田や湛水田などを利用していました。カルガモはマガモと同様に、伊豆沼北部の農地に夜間移動し、水のある環境を利用しましたが、マガモと異なり、狭い用水路を好む傾向がありました。

生息環境や食物などが似ていることで、生態系のなかで同じような立ち位置にある種同士を「生態的同位種」と呼び、カモ類では、体のサイズもほぼ同じマガモとカルガモがそれにあたるといわれています。そうした種同士は、競合しないようにすみ分けなどをする傾向があります。

マガモとカルガモは、お互いに反発し合っているようで、第2章で述べ

図5-22　狭い用水路のそばにいたカルガモ
背中にGPS-TXが装着されている。

た千葉県北西部で調べた池では、マガモが多い池ではカルガモが少なく、または、両者の関係がその逆になる傾向がありました。また伊豆沼・内沼で凍結時にできる「鳥穴(とりあな)」（第2章参照）では、マガモの多い鳥穴とカルガモの多い鳥穴に分かれます。両種の種間関係がどうなっているかも興味深いところです。

●オナガガモ

オナガガモは、夜行性のマガモやカルガモとは異なり、昼行性、夜行性いずれの特徴も見られました。2015／16年の追跡では、マガモやカルガモと同様に、昼間は沼で過ごし、夜間に沼北部から東部の農地へ移動していましたが、農地の利用の仕方は、マガモやカルガモとは異なり、主に乾田を利用しました。

その一方で、2017／18年の追跡では、放鳥後に捕獲地である給餌場所へ戻った後、その場所を中心に活動し、沼外へ移動することはなく、給餌場所のみに滞在しました（図5-23）。そこでの昼夜別の行動を見ると、昼間は、一般の人から餌がもらえる駐車場の堤防付近に多く、夜間は、給

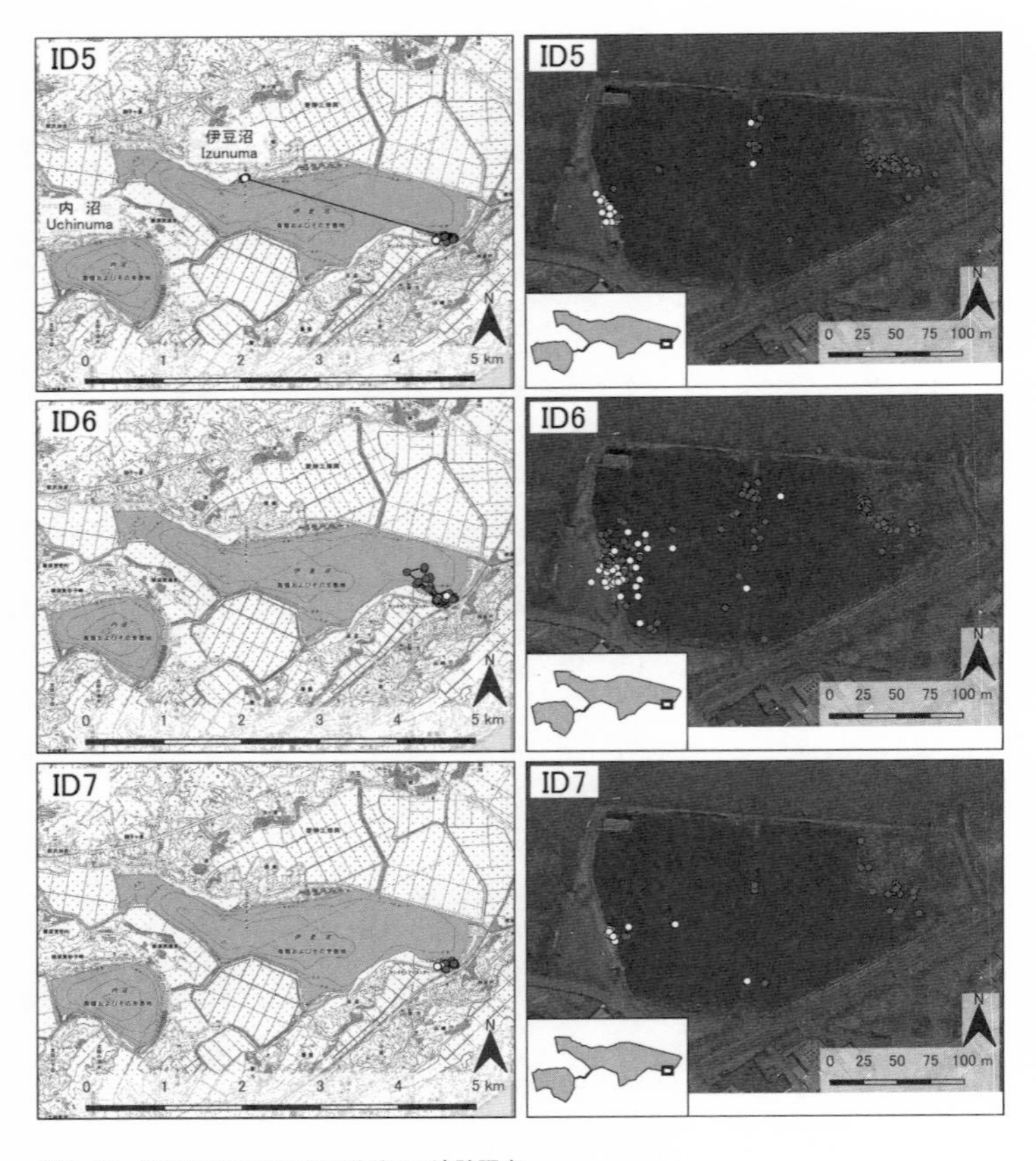

図5-23　GPS-TXによるオナガガモの追跡調査
2017/18年におけるオナガガモ3個体（ID5～ID7）の移動経路（左）と給餌場所での分布（右）を追跡。背景図は国土地理院の数値地図25,000とGoogle Earthの航空写真を使用した。○：昼間の位置、●：夜間の位置。（嶋田ほか 2018より改変）

餌場所の奥のヨシ群落周辺にいたのです。

オナガガモの農地への夜間移動が見られたのは、２０１５／１６年のみで、２０１７／１８年では見られませんでした。後述しますが、カモ類の給餌場所への依存率をエネルギー量の観点から試算したところ、依存率は、給餌量と個体数によって変化します（第7章参照）。

給餌だけで1日の代謝エネルギー量を賄えない場合には、夜も採食をしなければならないでしょう。すなわち、２０１５／１６年では、給餌だけでは代謝エネルギー量を賄いきれず、沼外で夜間採食をした一方で、２０１７／１８年では、それが賄えたため、沼外へ移動する必要がなかったと考えられます。

伊豆沼・内沼では、これらのカモ類以外にも多くのカモ類が越冬しています。それらの種については、沼の環境特性と併せて第6章で見ることにします。

●カモ類の日周行動と採食方法

カモ類は、基本的に夜行性といわれています。これまで見てきたように、マガモやカルガモは、そうした傾向が強いのですが、給餌場所のオナガガモは昼行性の動きもします。ヒドリガモやオカヨシガモ（図5-24）などの植物食性のカモ類も、昼間に採食します。

この違いの基本となっているのは、第2章で述べた漉し取り採食か、ついばみ採食か、の違いだと考えられます。漉し取り採食では、暗くて見にくくても、口を水面でペチャペチャと動かすだけで自動的に水と一緒に食物が入ってくるため、夜間でも採食できますが、ついばみ採食では狙って食物をとるため、昼間の明るいうちでないと食物を視認できないでしょう。

一方、夜間ハス田に設置した監視カメラには、沼では昼間に採食するヒドリガモが写っていました。また、オナガガモは、マガンなどとともに昼間農地で採食することがありますが、その場所は鳥獣保護区内です。

これらのハス田がある伊豆沼・内沼周辺には、保護区だけでなく狩猟が許されている猟区が点在しています。マガモやカルガモ、オナガガモ、ヒ

図5-24　オカヨシガモ（オス）
（写真提供：本田敏夫氏）
カラー版は口絵p.2参照。

ドリガモなどは狩猟の対象となる鳥であるため、伊豆沼・内沼のような保護区であれば、これらのカモ類は、昼間でも採食できますが、沼から離れた猟区を含む農地で採食するには、ハンターが活動しない夜間しかないのです。

漉し取り採食を好むオオハクチョウが、ついばみ採食もできるように、水面採食性カモ類は、得手不得手があってもいずれかの採食方法を選択できます。彼らは猟区の有無など採食場所の安全性、食物を視認できるかできないかに応じて、行動パターンや採食方法を変えていると考えられます。

そうした種ごとの違いに加えて、マガモのように個体ごと、オナガガモのように年ごとに行動パターンが異なる場合もあります。また、これまでは伊豆沼・内沼での例を述べてきましたが、他所も同じとは限りません。生息地の環境が異なれば、それに応じてカモ類の行動も変わるでしょう。夜行性とひとくくりにされがちなカモ類ですが、きわめて多様な暮らしを送っているのです。

第6章

環境変化の指標としてのガンカモ類

環境変化を受けやすいガンカモ類

ガンカモ類は、鳥のなかでも比較的大きな体をしています。そして湖沼や農地、海辺など開けた場所で観察できるため、よく目立ちます。目立つということは、いるかいないか、多いか少ないか、が人から見てわかりやすいということです。それは、分布や個体数を容易に把握できることにつながり、環境の変化を知る指標になりうる重要な条件の1つです。

またガンカモ類は、地球上の水域に広く分布し、これまで見てきたように、農地で落ち籾（もみ）や落ち大豆、畦（あぜ）の草本類など植物質のものを食べる種から、湖沼や海辺で潜水して水生植物や魚類、甲殻類などを食べる種までいます。第1章でも述べましたが、広い範囲に生息し、地域の生態系の基盤となっている多様な食物をとっている種群であるため、生息地の環境変化の影響を受けやすく、彼らの変化は、その地域の環境変化を知るための指標になりやすいといえます。

それでは、これからガンカモ類を通して、彼らを取り巻く環境の変化を見ていくことにしましょう。

湖沼型と採食方法によるカモの分類

日本で、ガンカモ類の研究をする人なら誰でもその名前を知っているというのが、羽田健三（はねだけんぞう）先生です。信州大学教授であった羽田先生は、20世紀後半に日本の鳥類生態学の礎を築いた研究者のひとりで、『鳥類の生活史』（羽田健三編、築地書館）には、１９５０年代から１９６０年代に研究された、18編からなる先生ご自身の博士論文「内水面に生活する雁鴨科鳥類の採食型と群集に関する研究」が収載されています。

研究の対象範囲は、ガンカモ類全体に広く及んでいますが、大きな業績の1つは、カモ類の分布が、湖沼型と湖沼の安全性によって異なることを明らかにしたことです。湖沼は、その生産性に応じて次のような「湖沼型」に区分されます。

まず、リンや窒素といった栄養塩類濃度が低く、生物生産活動の低い湖である「貧栄養湖」、そしてそれらが高くなっていくと、順に「中栄養湖」「富栄養湖」と呼ばれます。一般的に、十和田湖などのように貧栄養湖であるほど水の透明度が高く、伊豆沼・内沼などのように富栄養湖であるほど透明度は低くなります。

羽田先生は、湖を右記３つの湖沼型に分け、さらに、カモ類を採食方法に応じて分類しました。マガモやカルガモなどを「水面採食性カモ類」、キンクロハジロやホシハジロなどを「水底採食性カモ類」、カワアイサやミコアイサなどを「魚食性カモ類」とし、それらを長野県を中心とした12の湖沼で整理しました。その結果、貧栄養湖沼では水面採食性カモ類が優占し、富栄養湖沼では水底採食性カモ類や魚食性カモ類が優占し、さらに中栄養湖沼では、それらが混在することを明らかにしたのです。

さらに、狩猟の有無による安全性の指標も加えると、貧栄養で狩猟がなく安全性の高い湖沼では、夜間に沼外で採食する水面採食性カモ類が多く、狩猟によって安全ではないものの、富栄養の湖沼では、昼間に沼内で採食する水底採食性カモ類や魚食性カモ類が多いことを明らかにしました。

表6-1　伊豆沼・内沼のカモ類の採食行動と食物による分類とその割合

分類	沼外採食性カモ類 ・マガモ ・カルガモ ・コガモ	沼内植物食性カモ類 ・ヒドリガモ ・ヨシガモ ・オカヨシガモ	沼内魚食性カモ類 ・ホオジロガモ ・カワアイサ ・ミコアイサ
採食行動	昼間は沼で休息し、夜間に農地で採食	昼間、沼で主に水生植物を採食	昼間、沼で主に魚類を採食
主な食物	落ち籾、草本類	水生植物（特に沈水植物）	小型魚類（タナゴ類やモツゴなど）
関係する環境の変化	農地の形態（各種の項〔第５章〕を参照）	干拓（沼を浄化する機能が低下）や各種排水などによる水質汚濁にともなう水生植物の減少	外来種のオオクチバスの捕食による小型魚類の減少
個体数の割合	９割	１割以下	１割以下

羽田先生が研究された頃から長い時間が経ち、カモ類を取り巻く環境も大きく変化してきたことで、前述したことが現状と合わなくなっている部分は多くあります。しかし、カモ類を採食方法の違いで分類し、それを湖沼型の指標とするという卓越した視点は、私のなかにずっしりと根を下ろしました。

●カモ類から見た伊豆沼・内沼

羽田先生の考え方を基本に、これまでの知見を踏まえて、私は伊豆沼・内沼の主なカモ類を3つのグループに分け、分析しました（表6－1）。昼間、沼で休息し、夜間に農地で採食する沼外採食性カモ類（マガモ、カルガモ、コガモ）、昼間、沼で主に水生植物を採食する沼内植物食性カモ類（ヒドリガモ、ヨシガモ〔図6－1〕、オカヨシガモ）、昼間、沼で主に魚類を採食する沼内魚食性カモ類（ホオジロガモ〔図6－2〕、カワアイサ、ミコアイサ）です。給餌による人の影響を受ける給餌依存種（オナガガモ、ホシハジロ、キンクロハジロ）は、分析から除きました。

図6-2　ホオジロガモ（オス）
カラー版は口絵p.7参照。

図6-1　ヨシガモ（オス）
（写真提供：本田敏夫氏）
カラー版は口絵p.3参照。

1996年から2019年における、それら3つのグループの占める割合を経年的に見ると、マガモやカルガモなどの沼外採食性カモ類が、全体の9割近くを占めました（図6-3）。一方で、水生植物や魚類など沼の食物資源に依存する種の割合は少なかったのです。

ガン類やハクチョウ類も含めると、伊豆沼・内沼では、マガンやマガモ、カルガモなど、沼外の農地で採食するガンカモ類が優占しています。沼は、体が大きく、ハス面積の拡大とともに泥中にあるレンコンを食べることのできるオオハクチョウだけにとって有利な場所（第5章参照）になっていて、水生植物や魚類を採食するカモ類にとっては、魅力の少ない、すなわち、それらの食物資源が少ない場所になっているのです。

マガモやカルガモなどの沼外採食性カモ類については、第5章で詳述しましたので、ここでは、それ以外のグループのカモ類について述べます。

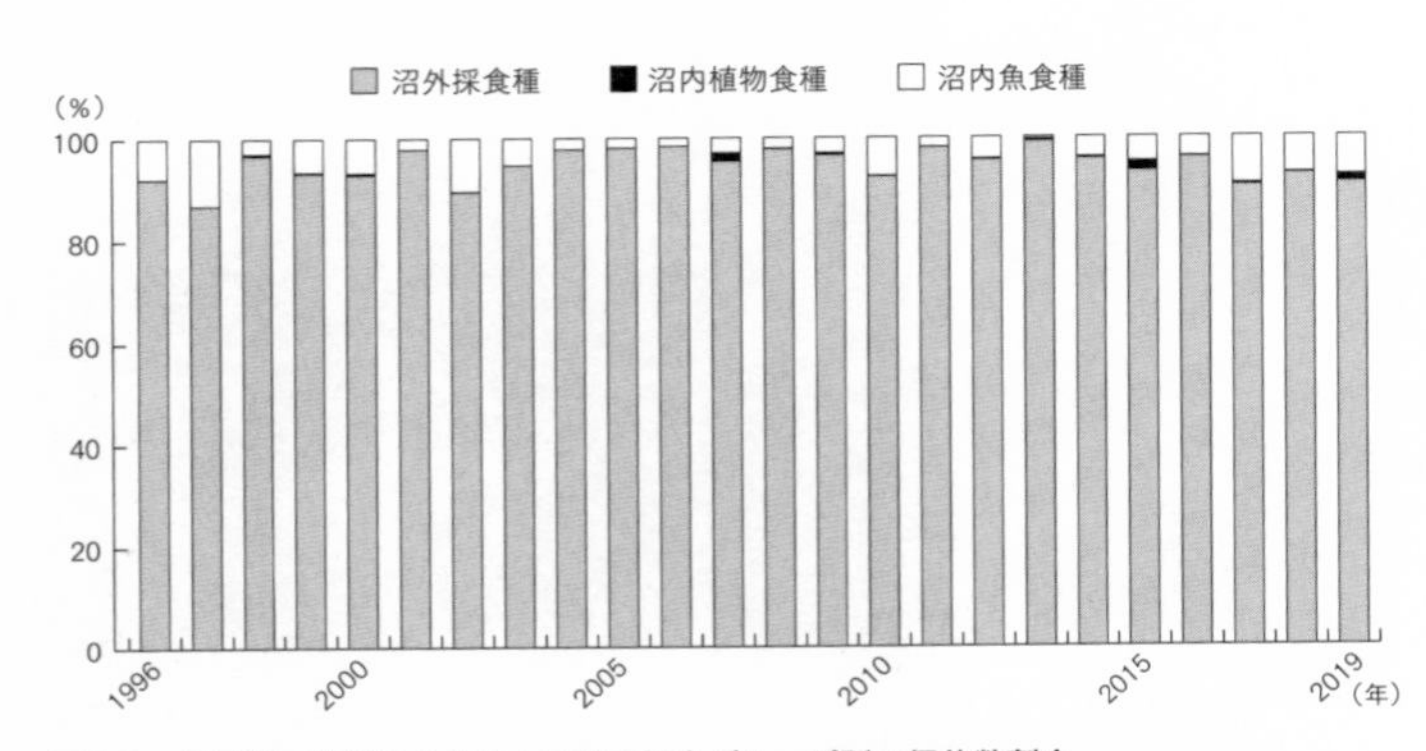

図6-3　伊豆沼・内沼におけるカモ類の採食グループ別の個体数割合

沼外採食種：マガモ、カルガモ、コガモ。沼内植物食種：ヒドリガモ、ヨシガモ、オカヨシガモ。沼内魚食種：ホオジロガモ、カワアイサ、ミコアイサ。（嶋田 2020より改変）

●沼内植物食性カモ類

ヒドリガモなどの沼内植物食性カモ類は、水生植物のなかでも特に沈水植物*を好みます。しかし、伊豆沼・内沼の沈水植物群落は、水質汚濁などによって、過去約30年で著しく衰退しました。ある程度まとまった数の沈水植物は、伊豆沼の南岸の限られた場所にしか生息していません。ハスなどの水生植物は沼を広く覆いますが、ヒドリガモのような沼内植物食性カモ類の好む沈水植物が少ないことが、これらの鳥たちの少なさに関係していると考えられます。

一般的に、水質汚濁は沼の栄養塩類が増加することで生じ、それにはさまざまな原因があります。伊豆沼・内沼では、１９６０年代に大規模な干拓があり、沼の面積が半分ほどに減りました。干拓された場所は、マコモなどの抽水植物*が多く生えていた浅い水域で、それらが沼へ入ってくる栄養塩類を吸収していました。しかし、干拓されたことで、栄養塩類を吸収する場所がなくなり、すなわち、沼を浄化する機能がなくなったのです。

また、人のライフスタイルも変化しました。かつて、マコモは牛の食物

＊**沈水植物**　根、葉、茎すべてが水中に沈んでいる植物。伊豆沼・内沼周辺ではクロモ、オオトリゲモ、ホソバミズヒキモ、ホザキノフサモ、ミズオオバコなどが見られる。

＊**抽水植物**　根は水底にあるが、葉や茎の一部あるいは大部分が水面から上に出ている植物。伊豆沼・内沼周辺ではヨシ、マコモ、フトイ、サンカクイ、ショウブなどが見られる。

として、ヨシは茅葺屋根の材料として使われ、魚介類は貴重なタンパク源として食されるなど、人は沼の産物を生活のなかで活用していました。マコモやヨシ、魚介類に取り込まれた沼の栄養塩類が、人によって沼の外へ運ばれることで、その分、沼の栄養塩類が減ります。それは富栄養化の進行を防ぐことにつながっていたのです。

沼の栄養状態は、栄養塩類の流入と排出のバランスによって、貧栄養の状態から富栄養の状態まで変化します。伊豆沼・内沼では、栄養塩類を吸収する場所がなくなり、また人為的にも取り出すことがなくなりました。一方、流入河川を通じて、農業排水や畜産排水、家庭排水などが入ってくることで、沼の栄養塩類は、排出よりも流入が多くなり、増加の一途をたどったと考えられます。

●沼内魚食性カモ類

羽田先生の説によれば、伊豆沼・内沼のような富栄養化した沼では、魚類を採食するカモ類が増えるはずです。しかしそうなっていないのは、富栄養化以外の要因が加わったためです。それは外来種の魚類の存在です。

ミコアイサなどの沼内魚食性カモ類は、オオクチバス（通称ブラックバス）に大きく影響を受けました。この外来種は、他の魚類を捕食するスペシャリストなのです。

伊豆沼・内沼には漁業協同組合（漁協）があり、漁をしているのですが、総漁獲量は１９９０～１９９５年までは28～37ｔでした。オオクチバスは１９９６年に０・７ｔが漁獲されてから、急激に増加し、この年以降の急増とともに、オオクチバスを含めた総漁獲量は、わずか１～２年で3分の１の約10ｔにまで減少したのです。なかでも、タナゴ類やモツゴ、タモロコなどの小型魚類の漁獲量の減少は著しいものでした。これらの魚類は、オオクチバスに捕食されたことがわかっています。

こうした魚類相の大きな変化は、それを食べる魚食性の鳥類にも大きな影響を及ぼしているはずです。そこで私は、主な潜水性の魚食性鳥類である、カンムリカイツブリ（図６－４）、カイツブリ（図６－５）、ホオジロガモ、ミコアイサ、カワアイサへのオオクチバス侵入の前と後とで、その個体

図6-5　カイツブリ
（写真提供：狩野博美氏）

図6-4　カンムリカイツブリ
（写真提供：麻山賢人氏）

数を比較しました（表6－2）。

その結果、最も大きく減少したのはカイツブリで、減少率93％、次いでミコアイサで減少率69％、その他の種で減少率23～38％でした。カイツブリとミコアイサでの減少率が特に大きかった理由は、他の3種に比べて体が小さく、くちばしが短いためです。短いくちばしをもつ両種は小型魚類を主に採食しますが、その小型魚類をオオクチバスによって食べられてしまい、彼らの食物が減ってしまったのです。食う食われるの関係によって、オオクチバスは魚だけでなく、鳥にまで影響を及ぼしていたのです。

このように、カモ類を通して伊豆沼・内沼を見ると、日本最大級のガンカモ類の越冬地といわれながらも、沼で水生植物や魚類などを食べるカモ類が少なく、その生態系の劣化が見てとれます。しかし私たちは、こうした現状に対して手をこまねいて見ているわけではありません。伊豆沼・内沼では長年にわたって、生物多様性の回復を目指した自然再生事業に取り組んできました。このことは、第7章の「ガンカモ類の保全」で詳述します。

表6-2　オオクチバス侵入前後における主な潜水性の魚食性鳥類の個体数の減少率

種	オオクチバス侵入前から後での減少率（%）
カイツブリ	93
ミコアイサ	69
その他（カンムリカイツブリ、ホオジロガモ、カワアイサなど）	23～38

攪乱とガンカモ類

伊豆沼・内沼の海抜高度は6m、沼の水が迫川(はさまがわ)、北上川に入って海に出るまでにはおよそ50㎞あります。伊豆沼・内沼周辺を含め、宮城県北部には北上川に沿って水はけの悪い、低い土地が広がり、かつては多くの湿地や湖沼がありました。伊豆沼・内沼もそうであったように、それらの場所は、干拓によって水田に変わり、日本有数の米どころとなったのです。

水はけが悪いということは、洪水常襲地帯であることをも意味し、雨が降ればすぐに洪水が起こります。伊豆沼・内沼は、安定した水域ではなく、攪乱(かくらん)*が起こることが常態なのです。洪水対策として、伊豆沼・内沼には遊水地の役割もあります。周囲を囲む堤防には、あえて低くつくられている場所が2カ所あり、増水時にはそこから農地へ水を流して一時的に水を貯め、河川の氾濫を防止するのです。

1998年8月下旬、大雨によって伊豆沼・内沼の水はあふれ、周囲の水田が冠水しました(図6-6)。そして、長期間にわたって水没したハスは、一時全滅しました。ハスなどの植物の葉には、気孔という呼吸する

*攪乱　台風や洪水など水や風による作用、山火事などの自然火災、斜面の崩壊などによって生物の生育・生息空間が乱される顕著なイベント。

図6-6
洪水によって冠水した水田と伊豆沼・内沼
(写真提供：宮城県)

器官がありますが、水没すると呼吸できない、すなわち、窒息することになります。ハスの葉は、３～４日程度の冠水で枯死することが実験でわかっています。

洪水後、大幅に個体数を増やしたのは、マガモやカルガモ、コガモ、オナガガモといった、沼外の農地で採食するという行動パターンをもつカモ類でした。洪水に遭ったのが秋の収穫前で、冠水によって立ち枯れた実の入った膨大なイネが、収穫されずに水田に残されたためです。彼らは、水が引いて次第に現れた倒伏したイネの間を泳いで採食したり、イネの上に乗って籾（もみ）を採食したりしたのです。

撹乱を引き起こす原因の１つとして、地震があります。最近の例をあげると、２０２１年2月13日23時頃、福島県沖を震源とする地震が発生し、伊豆沼・内沼周辺で、震度５強～６弱を記録しました。この地震による大規模な撹乱はありませんでしたが、地震直後、自宅近くの迫川でねぐらをとっていたオオハクチョウが、さかんに鳴き交わしていました。また、伊豆沼・内沼では、通常飛びまわることのない深夜に、マガンが鳴き合いながら飛びまわっていたそうです。鳥たちも大きな地震に驚いたのだと思います。

ガンカモ類にとっての気象条件

人には衣食住が必要ですが、ガンカモ類も同じです。鳥にとっての衣は羽毛で、1~2回の換羽(かんう)を毎年繰り返しながら、ていねいに羽づくろいをして、日頃のメンテナンスも怠りません。食住では、いかに食べるか(第5章参照)、いかに安全に休むか(第2章参照)が重要です。

そのガンカモ類の食住に大きく関わってくるのが、気象条件です。気象条件にしっかり対応しないと、生きるか死ぬかの選択に迫られるからです。毎年見られるガンカモ類の気象条件への対応、さらにそれを長期的に見ることによって、地球規模で起きている気候変動を知ることができます。

●越冬期の気温

マガンの越冬には、農地の積雪やねぐらとなる沼の凍結など、気象条件が重要であることを前述しました。ガン類に限らず、積雪や気温などの気象条件は、越冬期のカモ類やハクチョウ類にも影響を及ぼします。伊豆沼・

内沼では、2005／06年の寒波のときに、それまで北で越冬していた群れが南下してきたことによって、1月のオオハクチョウの個体数が急増しました。

単純に考えれば、秋の渡りのときに、寒く雪の積もる北方を避けて積雪や凍結のない地域まで南下してしまえば、気象条件に左右されず、寒波によってあわてて南下しなくてもいいのではないかとも思います。しかしそうではありません。彼らガンカモ類は、主な繁殖地である北極圏からできるだけ近い越冬地で冬を越したいのです。

なぜなら、繁殖地である北方の夏は短く、早くその地に到着したものほど、繁殖が有利になるためです。つまり、なるべく北寄りの地域で越冬したいけれども、そこへ寒波がくると南下せざるをえない。越冬期、安心して過ごすためにもっと南下するか、翌春の繁殖期のために北に近いほうで越冬するか、そのせめぎ合いのなかで、北上したり、南下したりするため、越冬期間中でも、短期的な大規模移動が起きることがあります。

マガン羽数合同調査（第8章参照）のデータを用いて、2008／09年における八郎潟（はちろうがた）や小友沼（おともぬま）など秋田県北部（図4-1参照）、新潟県の福島潟、宮城県の化女沼（けじょぬま）まで越冬するヒシクイの、個体数と気象条件の関係を見てみました（図6-7）。これらの地域は、国内におけるヒシクイの主要な越冬地となっています。

この冬は、12月中旬から1月上旬にかけて、秋田県北部の降雪量が10cm程度ときわめて少なかったため、越冬期間中にもかかわらず、福島潟や化女沼からヒシクイが北上し、秋田県北部の個体数が増えました。しかし1月中旬以降、秋田県北部の降雪量が66~79cmに達したことでヒシクイは南下し、福島潟や化女沼での個体数が再び増えたのです。この動きを見ると、できるだけ北で越冬したいというヒシクイの気持ちをよく理解できる気がします。

●春の渡り

これまで述べてきたことから、春の渡りがどのような気象条件で進むか、皆さんはすでにおわかりかと思いますが、暖冬傾向で雪が少ないほど、渡りは早く進みます。

宮城県では、1月の全国一斉の「ガンカモ類の生息調査」（第8章参照）

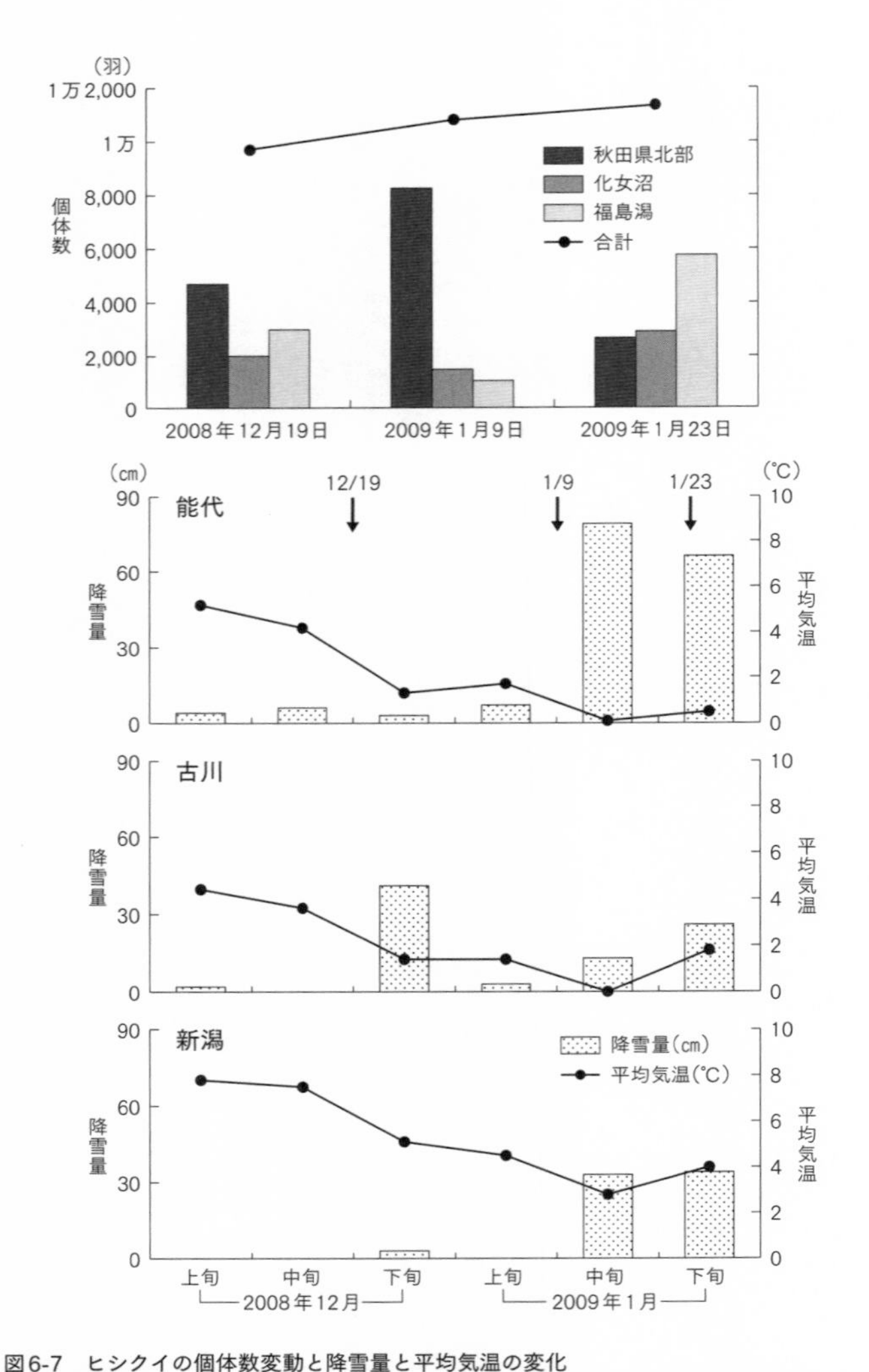

図6-7　ヒシクイの個体数変動と降雪量と平均気温の変化
秋田県北部、化女沼、福島潟におけるヒシクイの個体数変動（上図）と秋田県の能代、宮城県の古川、新潟県の新潟における降雪量と平均気温の変化（下の3図）。矢印は調査日を示す。（嶋田 2010より改変）

に、県独自の調査として11月（渡来期）、3月（渡去期）も加え、年3回の調査を行っています。全国有数のガンカモ類飛来県として行う、特色ある重要な調査です。

そのデータを使って、2000／01年から2014／15年までの15年間の、宮城県のハクチョウ類の渡りのタイミングを調べてみました。その結果、12月の降雪量が多い年ほど秋の渡りが早く進み、2月の降雪量が少ない年ほど春の渡りが早く進むことがわかりました。

近年のマガンの例を見ましょう。2019／20年は暖冬傾向が特に強く、越冬期間中、伊豆沼・内沼周辺には積雪はほとんどありませんでした。この冬、例年2月上旬に始まるマガンの渡りが、3週間程度早まりました。宮城県から北上する群れの最初の中継地は、秋田県の八郎潟です（第3章参照）。マガン羽数合同調査の結果を見ると、八郎潟では、2019年1月25日に7750羽だったのに対して、同時期の2020年1月24日には21万羽と、1月下旬には、ほとんどの群れが宮城県北部から北上していたのです。

●流氷とコクガンの渡り

こうした積雪や気温の条件とは異なる理由で北上するガンもいます。海で暮らすコクガンです。マガンなどの内陸のガン類が、２月上旬から渡りを開始するのに対して、三陸海岸南部沿岸のコクガンは、少し遅れて３月頃から渡りを開始します。三陸海岸南部沿岸を出発したコクガンの次の中継地は、北海道東部の野付湾や国後島南部です（第３章参照）。

そうしたコクガンの北上を阻むものは、流氷です。内陸のガン類が、積雪によって採食できないように、コクガンは、流氷で海が覆われていると、アマモなどの海草類を食べられないのです。流氷は、例年３月下旬に北海道東部から消失しますが、その時期を見極めながらコクガンは渡りをすると考えられます。

コクガンを衛星追跡した最初の年であった２０１４年の春は、流氷の消失時期が例年よりも１カ月ほど遅れた年でした。そのため、４月上旬に三陸海岸南部沿岸を出発したコクガンは、北海道東部にしばらくとどまり続けました。流氷が多く残っていて、食べることにおそらく難儀したことでしょう。

冬になると海氷情報が毎日発表されるので、私たちは、インターネット上で流氷の厚さや広がりを知ることができます。しかし、コクガンは、どこまで流氷が広がっているか、現地に行ってみないと知ることができません。その流氷データとコクガンの追跡データを合わせてみると、北海道東部からさらに北上するため、流氷で覆われているオホーツク海へ飛び出したものの、途中で戻ってきた例がありました。どこまでも続く流氷で覆われた海を見て、さすがのコクガンも心がくじけたのだと思います。

気候変動

これまで述べてきたように、気象条件はガンカモ類の暮らしに大きな影響を及ぼします。そして地球温暖化といった気象条件の変化が長期間にわたって続くと、個体数や分布に大きな変化が生じます。地球温暖化は新聞やテレビでなじみのある言葉ですが、これは、生態学においては気候変動の1つです。つまり、生物は気候変動に大きく影響を受けるのです。たとえば地球温暖化のような気候変動は、繁殖成功を通じてハクチョウ類の個体数増加に寄与します（第5章参照）。ここでは、越冬期に気候変動がもたらすガンカモ類への長期的な影響を見ていくことにします。

●温暖化と初認日

マガンやハクチョウ類の秋の初飛来は、宮城県では大きなニュースになるため、毎年の初認日*の長期的なデータがあります。繁殖地である極東ロシアの秋が深まると、その寒さを避けて背中を押されるように、ガンカモ類は南下してきます。温暖化が進むと、その秋の深まりが遅れ、伊豆沼・内沼での初飛来の時期が遅くなると予想されますが、どうでしょうか。

1991年以降、30年間のマガンとハクチョウ類の、秋の初認日の長期にわたる変化を見ると、予想に反して初認日がだんだんと早まる、すなわち、早く渡ってくる傾向がありました（図6-8）。これは気候変動だけでは簡単には説明できないようです。これまでマガンやハクチョウ類で見てきたように、春の渡りでは、雪が溶けるなど冬の寒さがゆるむにつれて、北上していきます。オオハクチョウの渡りを見ても、中継地を順々に北上していく様子がわかります（第3章参照）。

*初認日　夏鳥や冬鳥などがある地域でそのシーズンに初めて確認された日。

しかし、秋の渡りでは、南下していく先に積雪といった、採食するのに困難な条件はありません。繁殖地で早く換羽を終えたものは（第4章参照）、秋の訪れを待たずに渡りを早く開始することができますし、早く越冬地に到着することによって、渡った先で手つかずの食物資源を得ることができる利点があるのかもしれません。

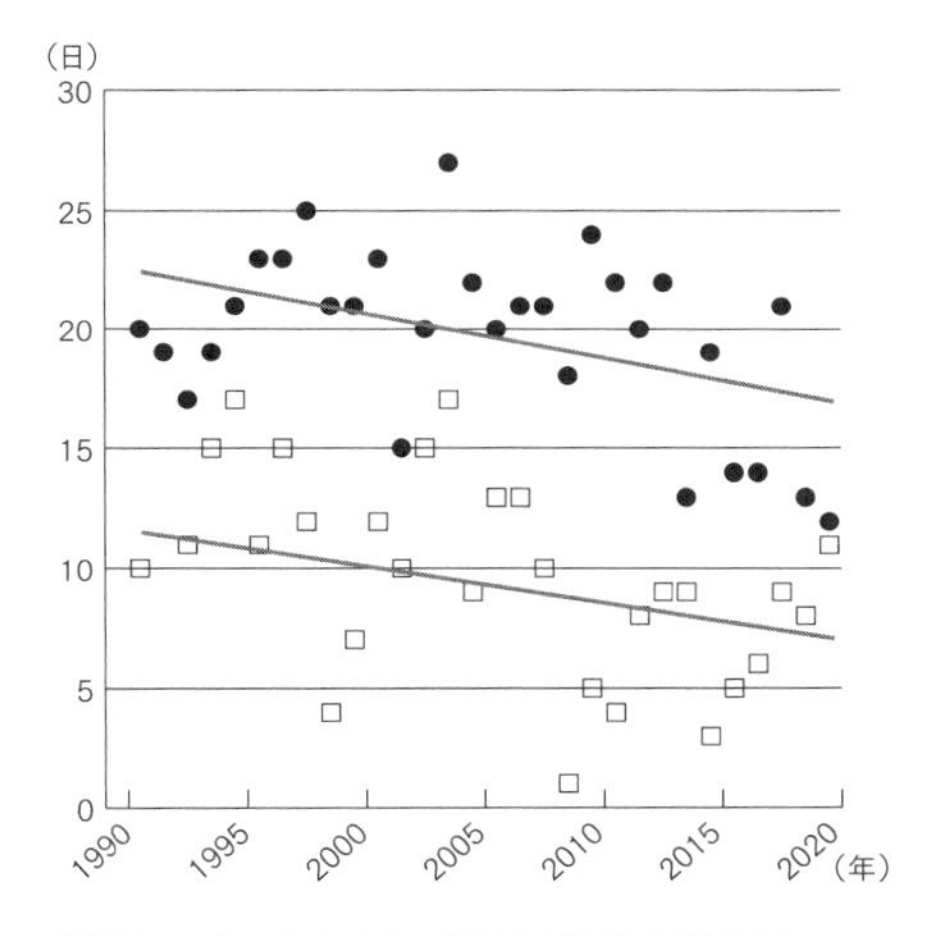

図6-8　マガンとハクチョウ類の初認日の経年変化
●：マガン、□：ハクチョウ類。縦軸は、マガンでは9月1日＝1、ハクチョウ類では10月1日＝1としたときの日数を示す。

また、南下先で採食困難な条件がないことは、中継地を順々に南下する必要がなく、スキップできることを意味します。春の渡りとは異なり、オオハクチョウでは、ロシアのサハリンから一気に伊豆沼・内沼まで渡ってくるものもいます（第

3章参照)。そうしたことも、より早く渡ってくることに関係しているでしょう。

伊豆沼・内沼周辺のマガンでは9月20日が、ハクチョウ類では10月9日が、30年間を平均した初認日になります。

●かつての中継地が越冬地に

秋田県北部にある八郎潟は、東京の山手線の内側の面積の3倍以上の大きさをもつ広大な干拓地です。もともとはマガンとヒシクイの中継地で、越冬期には両種はほとんど見られなかった場所でした。しかし、気候変動によって農地の積雪が減少し、ねぐらが凍結しなくなりつつあることで、越冬期に見られる両種の個体数が、増加傾向にあります。

ただし、八郎潟でのマガン、ヒシクイの個体数の増加傾向を見ると、ヒシクイでその傾向が顕著です。「モニタリングサイト1000」(第8章参照)の結果を見ると、2018年12月~2019年1月の越冬期、マガンの最大値は宮城県北部で27万7391羽、八郎潟で1万25羽と、マガンの大部分は、宮城県北部で越冬しています。

一方ヒシクイでは、化女沼など、もともとの越冬地である宮城県北部や新潟県福島潟では、それぞれ967羽、3019羽で、八郎潟では2万465羽でした。ほとんどのヒシクイが、八郎潟を主たる越冬地としていたのです。すなわち、気候変動にともなう八郎潟の環境変化に対して、マガンは依然として八郎潟を中継地として利用していましたが、ヒシクイは中継地から越冬地へと利用の仕方を変えたのです。

なぜ、同じ環境変化を受けながらも、マガンとヒシクイで応答が違うのでしょうか。それは、両種の体の大きさや採食生態、渡り経路に関係すると考えられます。ヒシクイはマガンより体が大きく、長くがっしりとしたくちばしをもちます。また、マガンや亜種ヒシクイは昼間農地で採食しますが、亜種オオヒシクイは湖沼でマコモやヒシなどを採食するほか、農地でも採食します。

これらは、ヒシクイは水域さえ凍結していなければそこで採食できることと、水田に多少の積雪があっても頑丈なくちばしで雪をかき分けて食物を探せることを意味しています。すなわちヒシクイは、マガンよりも北の地域で越冬できる特性をもっているのです。

また、渡り経路を見ると、マガンは秋の渡りでは小友沼など秋田県北部で2万〜3万羽が記録されるものの、春の渡りと比較すると個体数はかなり少なく、秋田県北部はマガンの秋の主要な中継地とはなっていません。一方でヒシクイは、その秋田県にある八郎潟を中継して宮城県北部へ渡ります（第3章参照）。そして、宮城県北部まで渡るのをやめて、そのまま八郎潟で越冬しようとする個体もいます。両種の渡りには、こうした傾向の違いがあるのです。

できるだけ北の地域で越冬したいマガンとヒシクイ。同じガン類でありながら両者には違いがあり、秋の渡りで八郎潟を中継するヒシクイは、マガンと比較して八郎潟への指向性がより強く、すなわち、八郎潟を「行こうと思えばすぐ行ける場所」または「条件がよければ越冬できる場所」と考えていると思います。

第7章

ガンカモ類の保全

保全とは

開けた水域や農地を利用するガンカモ類は、これまで見てきたように、人との接点が多い鳥です。家禽化（第1章参照）や狩猟など、人に利用される一方、農産業の変化に巧みに対応して、人から食物を得る（第5章参照）など、我々を利用しています。人との接点が多いということは、開発などによって危機的な状況にさらされる場合も多いということです。

特にアジアは、人口増加にともなう開発が急速に進んでおり、世界的に見て、ガンカモ類などの水鳥個体群の減少割合が最も高い地域です。また、第6章で述べた地球温暖化など、気候変動による生息地の環境変化が懸念されるほか、国内では保護地域（鳥獣保護区など）以外の生息地が、開発で脅かされることが心配されます。また近年、風力発電施設や大規模太陽光発電施設の設置が急速に進んでおり、設置にともなう生息地の消失や、風車と鳥類が衝突するバードストライク*などが懸念されています。

ところで、「保護」と「保全」は違うものです。保護はあるがままの状態に手をつけずに守ることです。知床や白神山地など原生自然の残る地域

*バードストライク　鳥類が人工構造物に衝突する事故のこと。航空機との衝突例をさすことが多いが、風力発電施設の風力原動機や送電線、送電鉄塔、ビルなどでも起きている。

では、手をつけない保護の対策がとられます。一方、保全は人が手を入れて守ることです。伊豆沼・内沼のように漁業や農業など、暮らしのなかで人が利用して維持してきた二次的自然においては、保全の対策がとられます。

ガンカモ類を守るときには、まずその生息地がどのように成立しているかを見極める必要があります。そこが原生自然であれば、立ち入り禁止にするなど手をつけない保護対策をとればよいのです。一方で、伊豆沼・内沼のような二次的自然では、人が手を入れながら保全をしていく必要があります。

しかし、自然はまだまだわからないところだらけです。ブラックボックスのような自然を相手にするときに重要なことは、研究に基づいた対策をとるということです。それによって、保全と研究の間でフィードバックが成立し、検証しながらできるだけ確かな方向に保全を進めることができるからです。

それでは、ガンカモ類の保全について見ていきましょう。

伊豆沼・内沼自然再生事業

伊豆沼・内沼では、2008年に地域住民や団体、専門家、行政からなる伊豆沼・内沼自然再生協議会が発足しました。それ以来、伊豆沼・内沼の生物多様性の回復や水質改善など、多くの議論に基づく将来像を目指して、水生植物の復元やオオクチバスの駆除など、長年にわたる保全対策が講じられてきました。

沈水植物のクロモ（**図7-1**）や魚類のゼニタナゴ（**図7-2**）など、復元目標種が5種設定され、そのなかには、鳥類としてミコアイサが含まれています。さまざまな取り組みが行われていますが、ここでは、最初に、ミコアイサの回復に関わる外来魚であるオオクチバスの駆除について、次いで、ハスの管理について述べます。

●オオクチバスの駆除

伊豆沼・内沼自然再生協議会の発足以前の2003年、オオクチバスの捕食によるゼニタナゴの危機的な状況（第6章参照）を受け

図7-2　ゼニタナゴ
（写真提供：麻山賢人氏）

図7-1　クロモ
（写真提供：速水裕樹氏）

て、市民や研究者が集まり、「ゼニタナゴ復元プロジェクト」が始動しました。このプロジェクトの特徴は、それまで誰もやってこなかった、オオクチバスの繁殖抑制に焦点を当てたものでした。

オオクチバスのオスは、産卵に適した場所を見つけると、そこへメスを呼んで産卵を促し、メスの産卵後も巣を守ります。そこで宮城県水産技術総合センターが開発した、砕石を利用した人工の産卵床を設置することで、オオクチバスの営巣や産卵を誘引し、卵や巣を守っているオスを駆除したのです。

もちろんオオクチバスは、フトイという植物の根など、人工の産卵床以外でも産卵します。このような天然の産卵床から約4000個体の稚魚が生まれます。オオクチバスの稚魚は、群れをつくる習性があるため、「稚魚すくい」と称して、天然の産卵床から生まれた稚魚の群れを、幅約70cmの三角網を使って数名で取り囲んで捕獲します。こうした活動を行うためには、多くの人手が必要です。そこで、「バス・バスターズ」と呼ばれるボランティア団体を結成し、2004年から活動を開始しました（図7-3）。

さらに2011年には、電気ショッカーボート*が導入されました（図7

図7-3　稚魚すくい
「バス・バスターズ」による活動の様子。（写真提供：麻山賢人氏）

*電気ショッカーボート　水中に強い電流を流して魚を麻痺させるための船。フナなどの在来種も一緒に気絶して浮かぶが、すぐに目覚めて泳ぎだすので悪影響を受けることはない。

－4）。特別な許可を得て、船で移動しながら水中に電気を流し、気絶して浮かんできた魚のなかからオオクチバスやブルーギルなどの外来種だけをすくっていくのです。この方法によって、成魚の効率的な捕獲も可能になりました。

卵、稚魚、成魚と、オオクチバスの生活史全体にわたる総合的な駆除を行うことで、伊豆沼・内沼のオオクチバスは大きく減少し、現在では数を少なく抑えた状態が続いています。オオクチバスの減少によって、2009年から、タモロコ、モツゴなどの魚類の回復が始まりました（図7－5）。そして、オオクチバスの影響によって減少した魚介類を採食するミコアイサが、その回復とともに再び増え始めたのです（図7－6）。しかし、ミコアイサとともに大きく減少したカイツブリ（第6章参照）は、依然、回復していません。これには、食物以外の要因があると考えられます。

マコモなどの抽水植物が多く生息する、沼から陸に至る浅瀬を「移行帯」と呼びます（図7－7）。そうした移行帯は、沼の栄養塩類を吸収して、沼を浄化する機能があるほか（第6章参照）、カイツブリなどの繁殖場所にもなっています。沼の水は灌漑用水に使われているため、春先に水位が

図7-4
電気ショッカーボート
船の先端部の2本のアームに取り付けられた電極から水中に電気が流れる。
（写真提供：佐々木浩司氏）

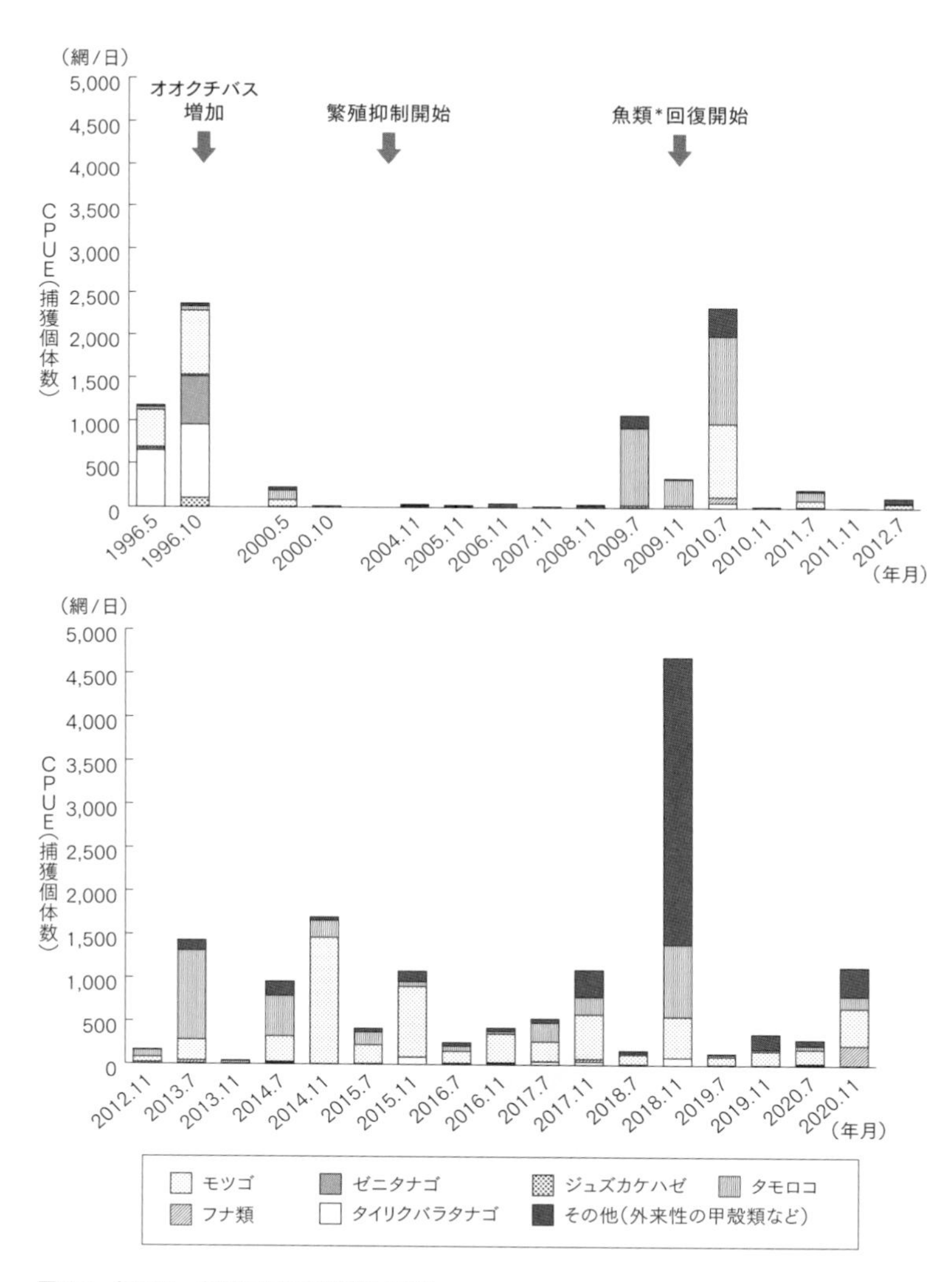

図7-5　伊豆沼・内沼における魚類相の変化

＊駆除対象の外来魚種も含まれるが、夏以降の定置網ではほとんどとれない。このため、本図は駆除対象外の魚種のものと解釈できる。（伊豆沼・内沼自然再生協議会 2020より改変）

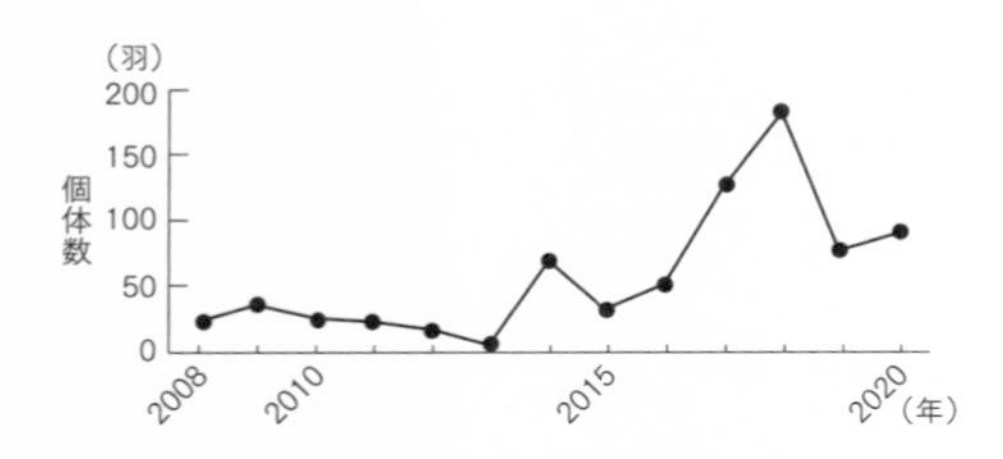

図7-6　伊豆沼・内沼におけるミコアイサの個体数変化
（嶋田 2020を参照して改変）

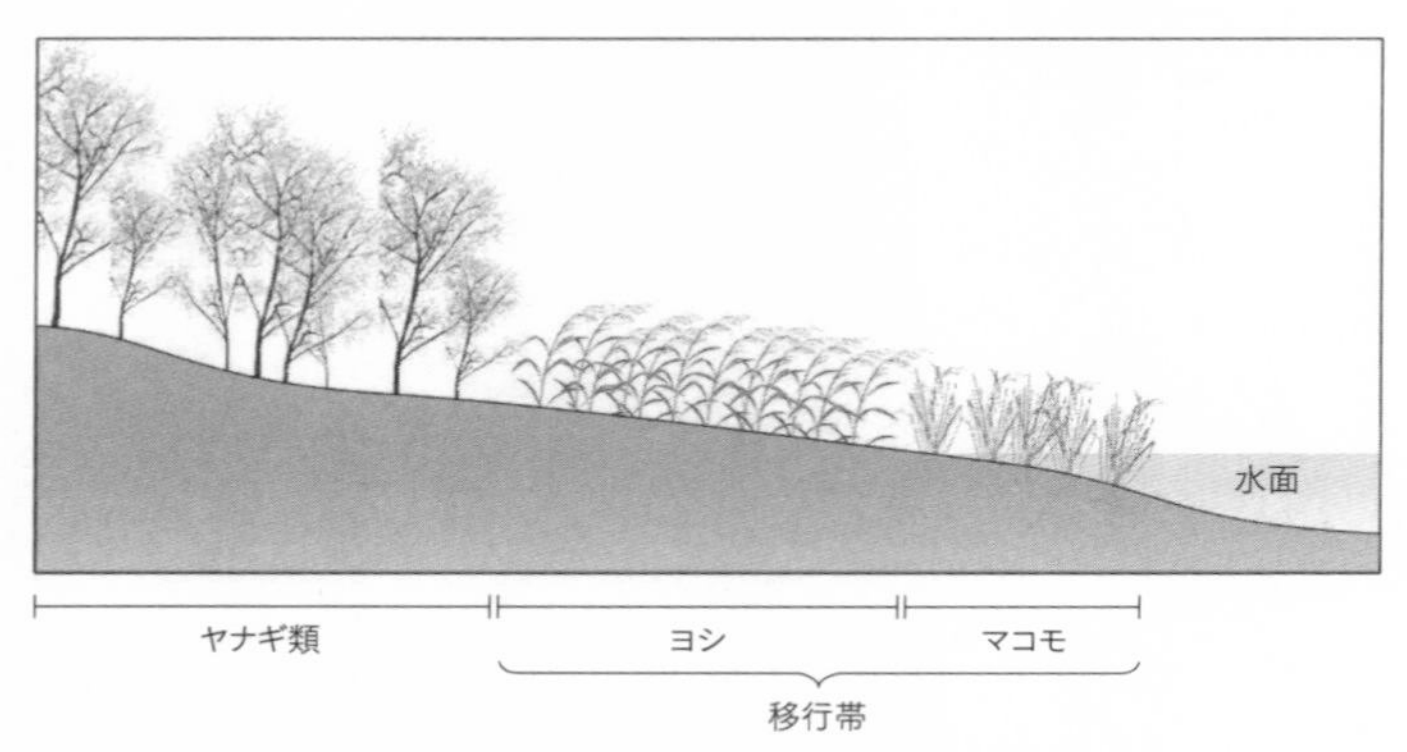

図7-7　水域から陸域へ至る移行帯　（作図：藤本泰文氏）

図7-8　カラスガイ
（写真提供：速水裕樹氏）

上昇することに加え、3月は一年で一番強い北西風が吹く時期にあたります。そうしたこともあって、近年、この北西風があたる場所を中心に移行帯が波浪によって削られ、減少し続けています。ですから、浅場を造成してこの移行帯を復元することも、自然再生事業の大きなテーマとなっています（図5-15参照）。それによって、カイツブリの繁殖場所を確保し、個体数の回復を目指しています。

ミコアイサとともに復元目標種であるゼニタナゴは、カラスガイ（図7-8）などの二枚貝に産卵する習性があります。2015年7月に伊豆沼・内沼で2個体が再発見されて以降、散発的な確認が続きました。2019年12月に、ゼニタナゴの繁殖状況を調査したところ、カラスガイの中でゼニタナゴと考えられるタナゴ類の仔魚が見つかり、翌春には、二枚貝から出てきたゼニタナゴの稚魚が確認できたのです。そして、秋には大きくなり、貝のまわりに産卵に訪れました。

池干しによる外来魚駆除*のできない伊豆沼・内沼のような大規模湖沼で、オオクチバスを減らし、絶滅危惧ⅠA類に指定されているゼニタナゴのような希少魚の復活に成功したのは、日本で初めてのことであり、大きな成

＊池干しによる外来魚駆除　外来魚を駆除する場合、ため池など小さな水域であれば、池を干すことで外来魚をすべて駆除できるが、伊豆沼・内沼のような大きな湖沼では水を干すことができない。そのため、地形や底質など、その水域の特性に応じた駆除対策をとる必要がある。

果を上げることができました。この絶滅危惧ⅠＡ類には、イリオモテヤマネコなど「ごく近い将来に絶滅する危険性がきわめて高い種」が含まれます。

●ハスの管理

これまで述べてきたように、ハスは伊豆沼・内沼で最も広く分布する植物で、その地下茎であるレンコンは、オオハクチョウの重要な食物です（第5章参照）。一方で、ハスの分布拡大（第2章参照）は、沼の生態系へ大きな影響を及ぼしています。

その1つは水質悪化です。沼の水質を悪化させる要因の1つは、強風による底泥の水中への巻き上がりですが、その底泥の60％は、枯れたハスが堆積したことによってできたものです。また、ハスは植物体が大きく、その大きな葉が水面を覆うと、光が必要な水面下の水生植物は生育できません。すなわち、ハスの拡大は他の水生植物の駆逐につながるのです。

最も大きな影響は酸欠です。「溶存酸素」という水中に溶け込んでいる酸素は、魚介類が生きていくために必要不可欠なものです。しかし、ハスの葉に水面を覆われると、葉が大気との壁となることによって、空気中の酸素が水中へ取り込まれなくなります。また、光が遮られることで、ほかの水生植物が光合成できなくなり、そうした水生植物が水中へ供給していた酸素も減少してしまいます。なんと、ハスの繁茂期には溶存酸素量がゼロになることもあります。そうなると、オオクチバスの駆除によってせっかく増えてきた魚介類が酸欠で生息できなくなり、ミコアイサのような魚介類を採食するガンカモ類にも影響が出ます。

溶存酸素量を増やすなどの水質改善を図るべく、最初は、長い鎌を使って人力でハスを手刈りしていました。しかし、これは非常に労力のかかる作業でした。そこで、「ハス刈り君」と呼ばれる、船の動力を使ってハスを

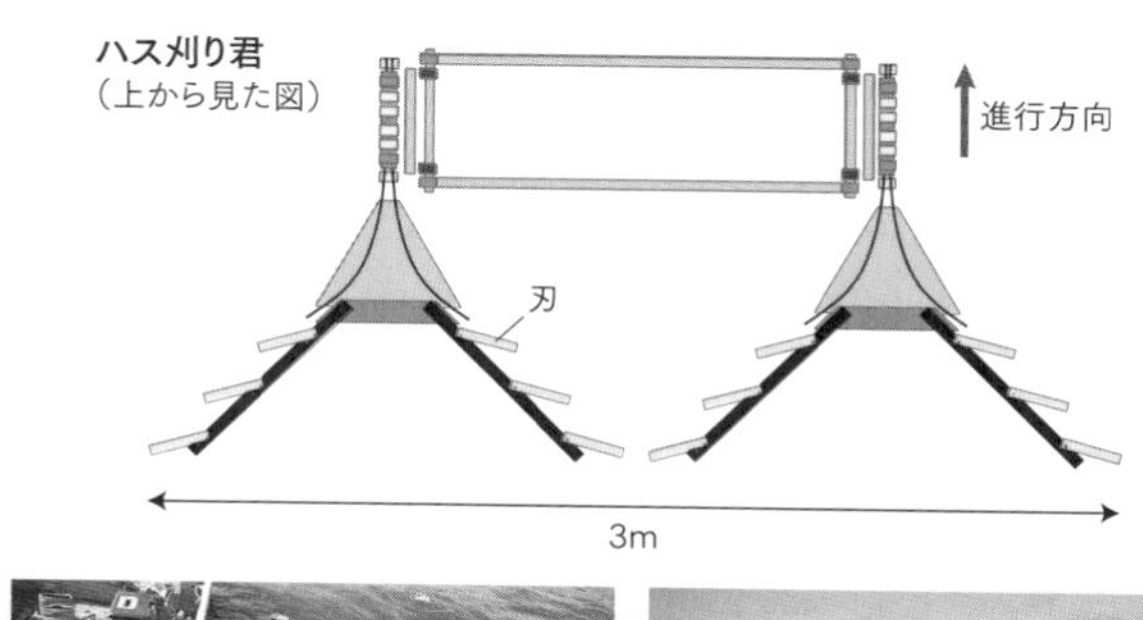

図7-9　ハス刈り君　（作図：芦澤 淳氏）
左の写真は、船首のほうから振り向いて撮影した水中の刃。

刈り払う装置を開発しました（図7－9）。V字の金属枠に約20㎝の刃を取り付け、それを船の前方に装着して進むことにより、前方左右のハスを刈り払うのです。この装置によって、作業労力は飛躍的に軽減され、広範囲のハスを刈り払うことができるようになりました。

しかし、効率的な作業が可能となったハス刈り君でも、船を動かしたり、作業中に刈り払い装置をメンテナンスしたりする必要があるなど、どうしても人手がかかってしまいます。そこで、完全無人化の刈り払い装置をめざし、環境省からの研究委託によって、東京大学の海津裕先生がハス刈りロボットボートを開発しました（図7－10）。このロボットボートは、GPSを搭載しており、刈り払う場所をパソコン上であらかじめ設定するだけで自律的にその場所へ行き、前方に取り付けたカッターでハスを刈り払います。

優れた点の1つは、推進力にパドルを用いていることです。通常、多くの船は船外機を使用しており、そのスクリューは、水草が非常にからみやすく、たとえばヒシ群落に入ると、ヒシがからまって数十メートル進んだだけで止まってしまうことがあります。そのたびに船外機を水面より上げて、スクリューにからまった水草を除去しなくてはなりません。パドル式では、そうした場所でもスイスイ移動でき、刈り払いする場所へ難なく到達できます。水草の多い水域で自動航行するために重要な特性なのです。

図7-10　ハス刈りロボットボート
上：各部名称、下：稼働時の状態。（Kaizu *et al.* 2021 より改変）

当初、目の前にどこまでも広がるハスを見て、管理するのは難しいと思っていました。しかし、技術開発を続けた結果、私たちはそのハスを管理できる技術力を獲得しつつあります。伊豆沼・内沼では、毎年、ハスの開花時期になるとハス祭りが開かれますが、現在、このハス祭りを行う漁協と協議しながら、祭りに影響しない場所を刈り払うことで、水質改善を図っています。

鳥インフルエンザ対策

鳥インフルエンザは、A型インフルエンザウイルスによる鳥の感染症です。ウイルスの表面にある糖タンパク質のヘマグルチニン（HA）とノイラミニダーゼ（NA）の種類によって、亜型が分類されています。ガンカモ類の多くは、この鳥インフルエンザウイルスをもっていますが、通常このウイルスは、ガンカモ類にも家禽にも病気を起こしません。

しかし、こうしたウイルスが家禽に感染し、家禽の間で感染を繰り返すうちに、家禽に対して高い病原性を示すウイルスに変異したのが、高病原性鳥インフルエンザウイルスです。これまで、H5亜型とH7亜型から高病原性のウイルスが出現しています。テレビのニュースなどで毎冬話題にあがり、大量のニワトリが殺処分されてしまう鳥インフルエンザとは、この高病原性のタイプをさします。

２００８年4～5月にかけて、秋田県、青森県および北海道において、オオハクチョウの死体からＨ５Ｎ１型高病原性鳥インフルエンザが検出されました。Ｈ５Ｎ１型に感染した個体から排出される糞に含まれるウイルスは、水を介して他個体へも感染します。そのため、ガンカモ類が集まる給餌場所は、一気にクローズアップされました。東北地方の多くの越冬地で、ガンカモ類への給餌の禁止や縮小の動きが広がったのです。

●伊豆沼・内沼での対応

伊豆沼・内沼ではどうするか。やはりまずは調査です。ちょうど、オオハクチョウの死体から高病原性鳥インフルエンザが検出された年の、前の冬にあたる２００７／０８年、給餌にくるガンカモ類がどのくらいいて、どの程度給餌に依存しているかを調べるため、所定の給餌場所で、ガンカモ類の個体数と給餌量を毎日記録していました。これをもとにガンカモ類が、1日当たり必要とする代謝エネルギー量と、給餌によって与えられたエネルギー量から、ガンカモ類の給餌への依存率を推定したのです。

給餌場所に集まったガンカモ類は、オオハクチョウやオナガガモ、キンクロハジロ、ホシハジロの4種でした。オナガガモが最も多く、最大1500羽、次いでオオハクチョウが110羽でした（図7-11）。月別の給餌量を見ると、12月が1279kgと最も多く、その中身の多くは、籾（もみ）や玄米でした（図7-12）。このときは財団職員による給餌のほか、来館者による給餌も専用の餌によって行われていました。古米に圧力をかけて膨らませたもので、100g程度が1袋に詰められており、観光客などはこれを募金として購入して給餌することができます。

給餌への月別の依存率では、11月と3月は100％に近く、すなわち、給餌された分だけでガンカモ類は1日の代謝量を賄えたのですが、12月には72％、厳寒期の1～2月には35～40％にまで低下し、給餌だけでは1日の代謝量を賄えていない状態でした。不足分を補うべく、オナガガモは夜間農地で採食していたと考えられ、実際に厳寒期の早朝にはオナガガモの姿は給餌場所にありませんでした（第5章参照）。

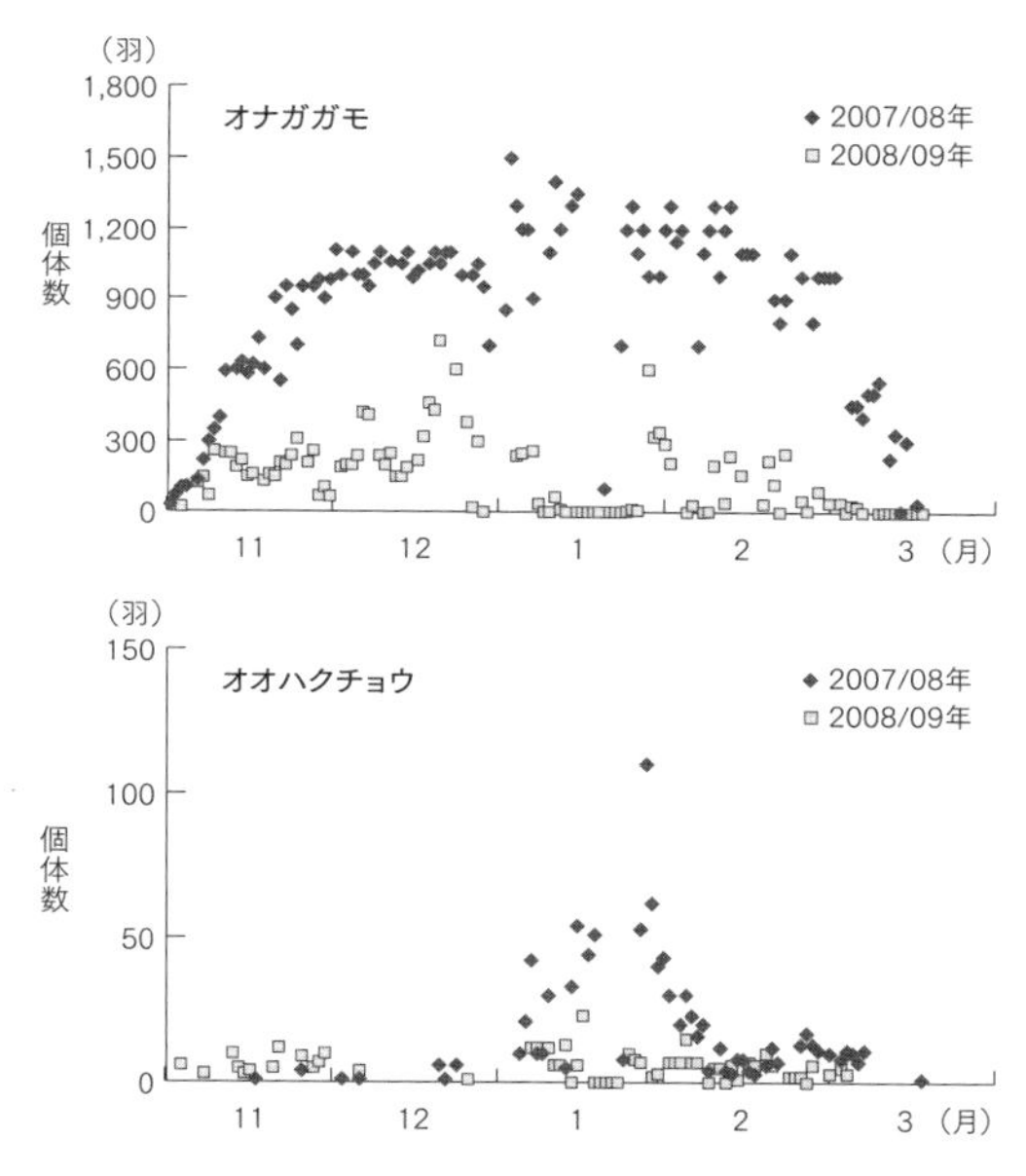

図7-11　給餌場所に集まったオナガガモとオオハクチョウの個体数変化
（嶋田・藤本 2010より改変）

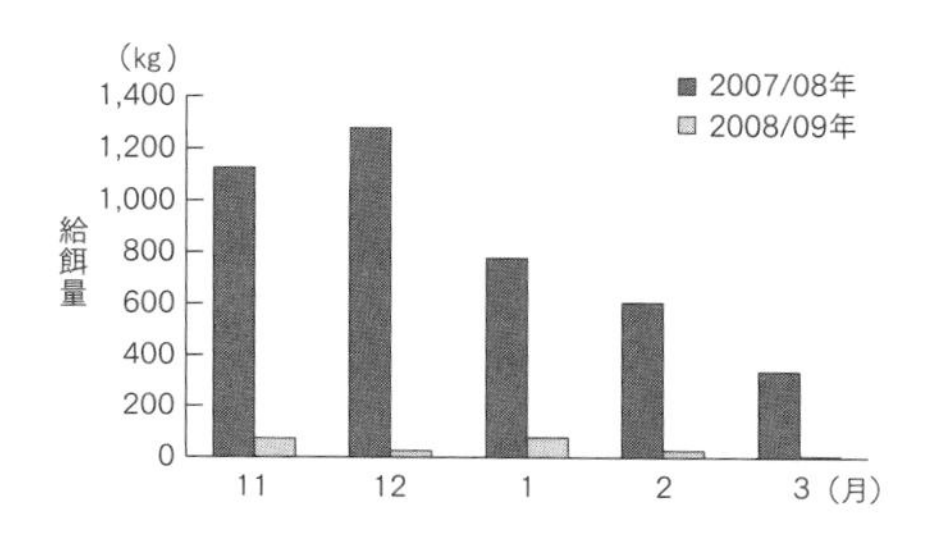

図7-12　給餌場所における給餌量の月ごとの変化
（嶋田・藤本 2010より改変）

●給餌の縮小

次に、この調査結果から鳥インフルエンザ対策として、どのようなことができるのかを考えました。このとき、給餌場所に集まるガンカモ類は、そのすべてのエネルギーを給餌から得ているわけではありませんでした。言い換えると、彼らは都合のよいときだけ給餌を利用し、人をうまく使っていました。そこで、この給餌を縮小することにしたのです。

もともと、与えられる給餌の大部分は、財団職員による大規模給餌が占め、来館者によるものはわずかなものでした。そこで、来館者による給餌だけを継続することにしたのです。というのも（これが一番大きな理由ですが）、来館者による餌づけは、人がある程度鳥を身近に観察できる機会を生みます。鳥は人から遠い場所をすばやく移動するため、普段は間近でゆっくり姿を見ることができません。給餌はそれを可能にし、特に子どもたちにとって鳥への親近感を深める機会となります。結果として、給餌の総量は減りましたが、もちろん、この給餌縮小の影響がどのようなものであるかについても、きちんと評価しました。

通常の給餌を行った2007／08年と、給餌を縮小した2008／09年で、月ごとの給餌量を比較すると、およそ80％減少しました（図7-12参照）。ガンカモ類は、この給餌量の大幅な減少に対して直接的な反応を見せ、オナガガモで79％減少、オオハクチョウでは74％減少し（図7-11参照）、ホシハジロとキンクロハジロはほとんど見られなくなりました。

この給餌の縮小によって、給餌場所でカモ類を身近に観察できる機会を維持しつつ、鳥には給餌場所以外での採食を促すことで、給餌場所に鳥が集中する程度を減少させて群れの分散を図り、鳥同士で鳥インフルエンザウイルスを拡散させるリスクを軽減することができました。この給餌方法は現在も継続中で、それに加えて、給餌場所や展示施設の入り口には靴の裏を消毒するマットを置いて感染対策を強化しています。

人工構造物

大空を移動する鳥類にとって、人工構造物は移動の障壁やバードストライクの原因となります。たとえば、伊豆沼・内沼の周辺には送電線がありま す。マガンは、朝夕の移動時に送電線のそばを通過する場合、平坦な農地（図7－13）を避けて丘陵地を選択します。平坦な農地に壁のように立ちはだかる送電線を越えるより、丘陵地に向かって高度を上げながら飛ぶことによって、無理なく送電線を越えることができるためです。

人工構造物のなかで、近年大きな懸念となっているのが、陸上や洋上を問わずに進む風力発電施設の設置です。特に猛禽類やガンカモ類など、建設予定地で繁殖や採食をしたり、それが渡りの経路上にあたったりする鳥類には、衝突など大きな脅威になります。そのため、種ごとの飛行特性、渡り経路や高度など、飛行に関する情報が強く求められています。

ガンカモ類は、そうした風力発電施設を避けて移動することが知られています。また、前述したように、マガンは平坦な農地にある送電線を避けるほか、それをくぐらずに飛び越えて移動します。これらのことは、彼らは人工構造物を点や線ではなく、面としてとらえていて、それを避けた移動方法をとることを示唆しています。すなわち、風力発電施設全体を障害物として見ることになり、たとえば風車の間に空間があるからといって、そこをあえて移動する可能性は低いと考えられます。

またマガンでは、渡りなどの長距離移動時に、飛び立ち地点から３km離

図7-13
平坦な農地にある送電線

れると飛行高度は１００ｍを越えます。マガンは１km進む間に30ｍ以上上昇していきますが、オオハクチョウではマガンよりも低く、１kmで約20ｍの上昇です。こうした情報と風力発電施設の高さを考慮すれば、風力発電施設が、ねぐらである沼から飛び立ったガンカモ類の飛行に影響を及ぼさない範囲、つまり、ねぐらの水域からどのくらい遠くに風力発電施設を設置すれば問題が起こらないか、を推定できます。

また、これまでに伊豆沼・内沼周辺では、鳥類の送電線への衝突を避けるため、電線に目印を取り付ける取り組みや、堤防脇の電柱を撤去するといった配慮も行われてきました。

ガンカモ類の保全には、こうした鳥たちの移動時や飛び立ち地点からの飛行特性に加え、渡り経路（第３章参照）や飛行高度、特に風力発電施設の候補地になることの多い山間部や沿岸部を通るときに、どこをどの程度の高度で飛行するか、などをできるだけ明らかにし、それらに配慮した対策が必要です（図７-14）。

図7-14　山間部（関山峠付近）を、山形県から宮城県の方向へ飛ぶハクチョウの群れ
2020年10月18日の朝に撮影。（写真提供：江刺拓司氏）

農業被害対策

●残留ハクチョウによる苗の踏みつけ

田植えの頃、「ハクチョウが田んぼにいます！」という通報があると、踏みつぶされた苗の姿が頭をよぎり、自分が田畑を踏み荒らしたわけでもないのに、大変申し訳ない気持ちになります。前述した送電線などにぶつかったことで、怪我をして飛べなくなってしまったハクチョウは、北に帰ることができず、残留しなければならないのです。

飛べない鳥の対応の流れは決まっています。死体であれば市の管轄、生きていれば県の管轄となり、県の担当者は、飛べないハクチョウを捕まえ、提携している獣医師さんに治療してもらいます。治療した後に放鳥するのですが、問題は放す場所です。

宮城県には、こうした野鳥の傷病鳥を収容する施設がないため、以前は伊豆沼・内沼に放していました。しかし、沼には囲いがないため、ハクチョウは当然、周囲の水田へ出ていきます。そして、それがちょうど田植えが終わった頃の時期に重なると、前述のような電話がかかってくるわけです。

10数cmもある、あの大きな足で植えたばかりの苗を踏まれたら、農家の皆さんはたまったものではありません。

通報を受けるたびに捕まえては沼に放すけれども、またハクチョウが水田へ出て行って、それをまた捕まえる……というイタチごっこ。ある池に電柵を囲って、そこに残留ハクチョウたちを一時的に収容し、イネが伸びる時期を待ってそこから出す、という対策をとったこともありました。イネが伸びれば、ハクチョウは水田に入らないからです。しかし結局、その年は防ぐことができても、飛べないハクチョウが沼にとどまることになり、その個体は、翌年また周囲の水田へ出ていってしまいます。つまり、毎年同じことが繰り返されるわけです。

この件についていろいろと悩み、県とも相談した結果、伊豆沼・内沼ではなく、近くの川に放鳥することになりました。残留ハクチョウの多くは、もともと沼ではなく、川や用水路で捕獲されたものであること、河川敷には食物となる草本類があること、キツネなどの天敵に襲われずに休息できる中州があること、何より、川にいる残留ハクチョウは、川の中を移動することが多いため、川だけで過ごすだろうということがわかってきたからです。残留ハクチョウを川へ放すようになって以来、残留ハクチョウによる苗の踏みつけという農業被害はなくなりました。

●残留マガンと迷子集団

一方で、近年は残留ハクチョウに代わって、残留マガンの農業被害が出てきました。何万羽もいるわけですから、そのなかには、傷ついて北へ帰れないものも毎年一定数出てきます。放鳥した残留ハクチョウは傷ついて飛べなくなっている上、単独でいることが多いため、狭い水路などに追い込めばなんとか捕獲できます。保護放鳥されたわけではない残留マガンの場合、長距離を飛べないまでも、多少の飛翔力をもつ個体が複数で残る場合が多いため、捕獲すること自体が困難です。残留マガンによる被害はまだ解決していませんが、考えていかなくてはならない問題です。

こうした農地を利用する鳥が集まる地域では、前述した水田の踏み荒らしのように、野鳥による農業被害が問題となります。伊豆沼・内沼のある栗原市、登米(とめ)市にはガンカモ類の農作物被害に対する補償条例というものがあり、秋の収穫期の食害も含め、こうした農作物の被害に対して金銭的に補償される仕組みとなっています。

伊豆沼・内沼がラムサール条約に登録された当時、マガンの食害は今よりも深刻でした。当時主流だったバインダーでイネを刈る方法では、刈った後のイネの束を杭に重ねて自然乾燥させます（図5-9参照）。そうすると、そこへマガンがやってきて、首を伸ばしてマガンが届く下の方の籾（もみ）を食べてしまうのです。このため、農家はマガンに対してよい印象をもっておらず、鳥が大事か人が大事か、という人々の厳しい対立もありました。そうした問題を克服してできた補償条例は、この沼の条約登録の成功につながった大きな要因の1つでした。

ところで、残留とまではいきませんが、渡りが遅れ、かなり遅くまで居残っているマガンが毎春いて、ときに数百羽になることがあります。この群れの特徴は、成鳥が数羽混じるだけで、ほとんどが幼鳥だということです（図7-15）。これは迷子集団だと考えられます。

越冬期、マガンは家族で暮らしていますが、カメラマンなどが近づいて群れが驚いて飛び立ったときに、幼鳥がはぐれて迷子になることがあるようです。数万羽のなかから自分の家族を見つけるのは、たやすいことでは

図7-15　遅くまで居残ったマガンの幼鳥の群れ
どの個体にも成鳥の特徴である腹部の黒い縞模様がない。

ありません。家族とはぐれた迷子の幼鳥は、春が近づくにつれて家族が渡ってしまった後、取り残されることになります。そのようにして、あちこちに残った幼鳥たちが集まって大きな集団となっているのだと思います。しかし、水田の代掻き(しろかき)が始まる頃にはいなくなります。数羽の成鳥に導かれて北上していくのでしょう。

●カモ類によるレンコン食害

伊豆沼・内沼の周辺の農地では、ハス田でレンコンを生産している農家があります。いわゆる人のための食用レンコンで、白い花を咲かせます。ちなみに、これまで述べてきた沼のハスは野生のもので、ピンク色の花を咲かせます。それらは人ではなく、オオハクチョウが食べます。

第5章で、そのレンコン農家さんから、カモ類によるレンコン食害について相談されたことを述べました。食害にあったレンコンを見ると、たしかにかじられた跡があり、そうなると出荷できなくなります。相談の結果、音を鳴らして鳥を追い払う爆音機を使うことにしました。通常は、音の出る部分を空や田畑に向けて使用する機械（**図7-16**）ですが、これをハス

図7-16　爆音機
通常の設置状態。カモ類被害対策のときは、上のT字の部分を水面に向ける。

田に向けることにしました。そうして音を出すと水面が波立ちます。音と水面の波立ちのダブルパンチで、カモを追い払おうという方法です。

この方法は効果的だったようで、被害はかなり減りました。とはいえ、被害が完全になくなったわけではありません。しかし、この農家さんは伊豆沼・内沼という鳥がたくさん来るところでつくっているのだからと、ある程度の被害を許容してくれています。研究のなかでカモ類を捕獲する必要があったときに、網を設置するハス田を貸してくれたのもこの農家さんでした。生計に影響を及ぼしているにもかかわらず、そのカモ類への理解と広いお気持ちは、本当にありがたい限りです。

フライウェイの保全

国境を越えて長距離移動するガンカモ類を保全するためには、1つの生息地の保全だけでなく、越冬地、中継地、繁殖地など、渡り経路内における生息地全体を保全していく必要があります。越冬地、中継地、繁殖地を含めた渡り経路全体を「フライウェイ」と呼んでいます。

たとえば、東アジアのマガンを見ると、中国の個体群のみが減少しています。洞庭湖を含む長江流域は、中国で越冬するマガン個体群を支える重要な生息地です。その上流において、２００３年から三峡ダムの運用が開始されて以降、マガンの個体数は減少しました。その原因として、ダムの水位調節にともなって、湿地のスゲ類などマガンの食物資源量が低下した可能性が指摘されています。

農地で採食する日本や韓国の個体群とは異なり、中国のマガンは、保護区内にある、河川流域の自然の湿地のみで採食します。農地では狩猟の対象になるため、そこを利用することを避けて、安全な湿地を選んでいるからです。そのため、水位変動の影響をより大きく受けることにつながり、個体数減少の一因となったと考えられます。

第５章で述べたように、北極圏で繁殖するガン類の繁殖条件はよいはずです。繁殖がうまくいっていると思われるにもかかわらず、越冬地の環境変化による中国のマガン個体群の減少を見ると、フライウェイ全体を保全することの重要性がよくわかります。

国内での生息地保全について見ると、ガンカモ類は湖沼だけで過ごしているわけではなく、周辺の農地も利用します（第５章参照）。もし湖沼の周囲が住宅地だとしたら、彼らの採食場所はなく、生活できないのです。鳥獣保護区などさまざまな保護の網は、水域のみにかかっていることが多く、ラムサール条約もそれに準じて指定されるため、湖沼に注目が集まりがちです。

しかし実際は、保護区になっていない周辺の農地もセットで考えなければなりません。農家の方々もガンカモ類を守る担い手です。農地が維持されず、住宅地などに開発されたら、ガンカモ類も影響を受けてしまいます。日常の営農による農地の維持こそが、ガンカモ類の保全につながっているのです。伊豆沼・内沼の南にある蕪栗沼や、コウノトリで有名な兵庫県豊岡市の円山川下流域など、その水域周辺の水田を含めた地域がラムサール条約に登録されている例もあります。

また、マガンは国内飛来数の9割ほどが、伊豆沼・内沼や蕪栗沼など宮城県北部に集まっています。こうした特定の場所への鳥類の集中は、前述した農業被害の増加や、鳥インフルエンザのような病気の感染拡大につながる可能性があります。そのため、冬の水田に水を張る冬期湛水田（ふゆみずたんぼ）を設置して、マガンにねぐら場所を提供し、その分散を図る試みも進められています。

●保全の優先順位

フライウェイにあるすべての生息地を保全できればよいのですが、人間が割ける時間や労力は限られています。保全を適切かつ効率的に進めるためには、生息地の重要性を評価し、優先的に保全すべき生息地を抽出する必要があります。ここで、第3章で述べたＧＰＳ追跡などで得られた情報が威力を発揮します。

多数の個体を追跡できれば、移動経路や位置情報の多少に応じて、生息地間の関連性の強さや生息地の重要性を評価することができます。ある生息地の間を多くの個体が移動していれば、そのルートは重要な経路とみなせます。また、特定の場所での位置情報が多ければ、滞在時間が長いことを意味し、そこは重要な生息地と判断できます。

たとえば、オナガガモやヒドリガモでは、利用した移動経路やそれぞれの生息地で記録された位置情報のうち、各経路や滞在地に要した全体に対する割合を見ることで、主要な渡り経路や越冬地、中継地、繁殖地が明らかになっています。

特定の生息地内についても、ＧＰＳ追跡で位置情報が得られれば、重要な環境を明らかにできます。たとえば、第5章で見たオオハクチョウの位置情報を見ることで、伊豆沼・内沼のどの場所を、彼らが好んで利用するかがよくわかります。そして、生息地内で利用される環境の優先順位を明らかにすることで、それに基づいた具体的な保全対策を検討できます。

希少種では、そのことがより重要となります。サカツラガン（図7-17）は、東アジアに主に分布し、個体数が減少しているガン類で、国際自然保護連合（ＩＵＣＮ）のレッドリスト*で危急種に指定されている種です。このサカツラガンを追跡することによって、フライウェイや越冬地での詳細な行動が明らかとなりました。保全すべき希少種の重要な湿地が、国際的に認知され、サカツラガンの保全にとって、重要な基礎データが収集されたのです。

●保全の枠組み

フライウェイは世界で9つに分けられます。アジア・太平洋地域には、「中

図7-17　サカツラガン
（写真提供：伊藤利喜雄氏）
カラー版は口絵p.9参照。

＊レッドリスト　絶滅のおそれのある野生生物の種のリストのこと。国際的には国際自然保護連合（ＩＵＣＮ）が作成し、国内では環境省のほか、地方公共団体などが作成している。

央アジアフライウェイ」「西太平洋フライウェイ」「東アジア・オーストラリア地域フライウェイ」の３つのフライウェイがあります。日本は東アジア・オーストラリア地域フライウェイに含まれます。

「東アジア・オーストラリア地域フライウェイパートナーシップ（ＥＡＡＦＰ）」は、東アジア・オーストラリア地域の渡り鳥やその生息地を保全するため、多様な関係者間の国際的連携や協力のための枠組みを提供することを目的にしていて、ガンカモ類、シギ・チドリ類、ツル類の３つの作業部会があります。

日本では、ＥＡＡＦＰの国内でのとりまとめ役となる、「ガンカモ類国内生息地ネットワーク」や、生息地の管理者の支援などを目的につくられた、「東アジア・オーストラリア地域渡り性水鳥重要生息地ネットワーク（ガンカモ類）支援・鳥類学研究者グループ（ＪＯＧＡ）」があります。近年、ガンカモ類の研究を強化するために、「ガンカモ類作業部会国内科学技術委員会」と呼ばれる枠組みもでき、それらが連携し、ガンカモ類の研究と保全の両面からの取り組みを進めています。

第8章

モニタリングの実際

モニタリングの基本

　これまで、繁殖や渡り、越冬、さらには環境指標や保全など、さまざまな側面からガンカモ類を見てきました。環境の変化に巧みに適応して生き抜いている彼らの有様を知るには、長期的な視点が必要です。さまざまな条件下で見せる生態をじっくりと観察することによって、ガンカモ類をより深く理解できます。

　なかでも、個体数を長期的にモニタリングすることは、その最も基本となる調査です。

　鳥類のモニタリングに用いられる主な手法は、「定点センサス」法と「ラインセンサス」法の2つに大きく分けられます。定点センサスは、特定の場所に一定時間とどまり、出現した鳥類を記録していく方法です。ラインセンサスは、歩きながら鳥類を記録していき、一定の範囲の鳥類を記録していく方法です。

　ガンカモ類の調査では、定点センサスが用いられることが多く、調べたい対象の水域全体を、見通しのよい1カ所の観察地点から眺めます。1カ所では調査しきれない場合、重複しないように調査地点を複数カ所設けることで、水域全体の個体数を把握できます。

「いつ」「どこで」「何が」「何羽」「何をしていた」は、鳥の調査で記録すべき基本事項です。「いつ」「どこで」「何をしていた」の記録は、それほど難しくはないのですが、問題は「何が」という種の識別と、「何羽」という数の記録です。ガンカモ類の場合、大きさや体型、羽色、採食方法（第2章参照）、昼行性や夜行性などの行動パターン（第5章参照）などを参考に、種を絞り込んでいきます。

数の記録、これには少しコツが必要です。「数取器（かずとりき）」、すなわち「カウンター」は、私の必需品です。少数の場合は、カウンターがなくても目視で十分かもしれませんが、数が増えると、カウンターが必要になります。

それでは、カウンターを使って、実際にどのように数えるのでしょう。

●鳥をカウントする

カモ類の場合、何種かが混ざって大きな混群*をつくっていることが多く（図8-1）、こういうときは、複数のカウンターを使うと便利です。私は

*混群　何種かが混ざっている群れを「混群」といい、別種同士でも集まって大きな群れになることで捕食者を発見しやすくなり、1羽当たりがおそわれる確率が下がるなどの利点があると考えられている。

4つ並んでいる四連カウンターを使っています（図8－2）。1つのカウンターごとに異なる種を割り振ると、たとえばマガモ、カルガモ、コガモ、オナガガモといったように、一度に4つの種を数えることができます。

望遠鏡を右から左へ動かして群れを見ながら、新しい個体が見つかるたびに1つのカウンターを押していきます。同じ種の群れならこれでよいのですが、群れのなかに4種いる場合には、前述のように種ごとに割り振ったカウンターをそれぞれ押します。群れのなかにいる種数が4種以上だった場合は、まずその4種を数え終えてから、一度カウンターをリセットし、まだ数えていない種をカウンターに新たに振り分けて、再度群れを見ていきます。群れを見る回数が少ないほど、時間の節約になります。

マガンの朝の飛び立ちのように、単一種で数が膨大かつ移動する場合は、群れの大きさや散らばり具合によって、10羽や100羽ごとに数えます。そうでないと、途中で鳥が飛び去ってしまったり、鳥が移動して数えていない個体と数えた個体が混ざったりして、数をとらえきれないからです。

こういうとき私は、四連カウンターの右端を1羽の単位、右から2番目を10羽の単位、3番目を100羽の単位用とし、数の単位ごとにカウンター

図8-2　四連カウンター

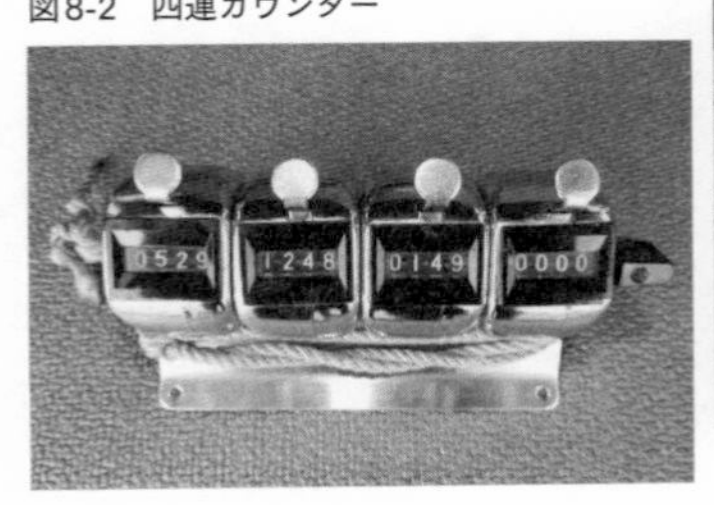

図8-1　複数の種が混じるカモの群れ

に当てはめます。小さい群れの場合は1羽や10羽単位でそれぞれ1と、ドカンと大きな群れが飛び立ったときは１００羽単位で1と数えます。

マガンでは、飛び立ち始めは小さい群れのことが多く、１羽や10羽単位で数えていても大丈夫です。しかし、数え続けているうちに大きい群れが飛び立つなどして、それでは追いつかなくなると、途中で１００羽単位に切り替えたりもします。

大切なことは、群れの概数を感覚で事前につかむことです。このくらいだと５００羽くらいとか、これだと３０００羽はいるだろうなど。このように自分の頭の中でイメージした概数と実際のカウント結果を照らし合わせていくと、より正確さが増します。そして、群れの概数を知ることで、どの単位で数えるべきか、おおよその検討をつけることができるようになります。しかし、概数をつかむには、それなりの訓練が必要です。私もひと夏を過ごすと勘が鈍るようで、マガンが渡ってきた当初は、リハビリを兼ねてカウントの練習をします。

行動調査でもカウンターは活躍します。マガンの群れの行動を記録するときには、採食、警戒、休息、移動などそれぞれの行動を、各カウンターに当てはめます。そして群れを見ながら各個体の行動を数えることで、群れ内でのそれぞれの行動割合を求めることができます。それを30分おきや1時間おきに行うことで、マガンの日周行動が見えてきます。これは「スキャンサンプリング法」といって、基本的かつ歴史のある行動調査の方法です。

このカウンターですが、最近では時刻と数を電気的に記録できる、押しボタン式のデジタル（電子）カウンターが市販され、交通量調査などで使われています。しかし、私を含めた鳥を数える人たちは、従来のアナログカウンター（**図8－2参照**）に慣れています。デジタルカウンターにもアナログカウンターに似た形状のものがありますが、重さ、押す感触、押したときの音など、アナログカウンターにはなぜか、ちゃんと鳥を数えているのだという安心感があります。

そのようなわけで、後述する北海道大学の山田浩之先生たちと私は、デジタルカウンターとアナログカウンターとを組み合わせた「デジアナカウンター」をつくりました（**図8－3**）。これによって、アナログカウンターのボタンを押しながら、秒単位、分単位で時刻とともに鳥の数を自動的に

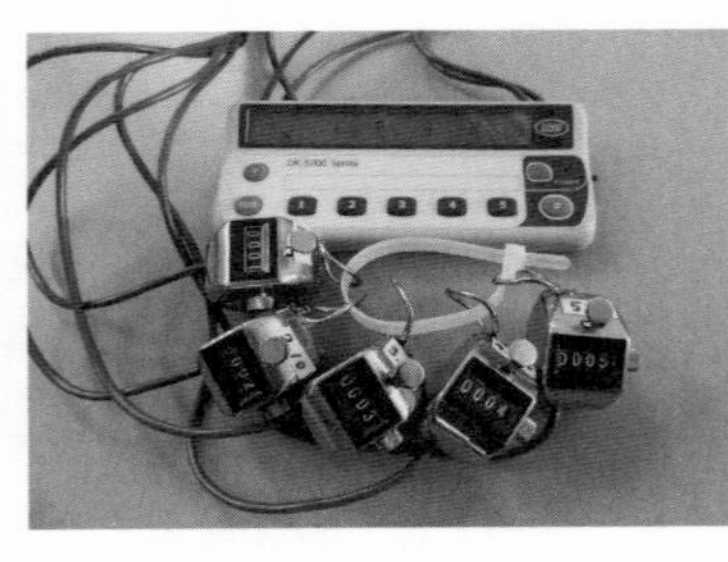

図8-3　デジアナカウンター
下のアナログカウンターを押すと、上のデジタルカウンターに数字が表示される。デジタルカウンターからはパソコンへデータを移行することができる。

記録できます。

さまざまなモニタリング

環境省では、毎年1月中旬に全国で実施される「ガンカモ類の生息調査」や「モニタリングサイト1000」*といった事業を行っていて、定期的にガンカモ類の個体数調査が行われています。特に、この全国一斉の「ガンカモ類の生息調査」は、1970年1月から始まった歴史のあるモニタリングで、国レベルでのモニタリングとしては、東アジアで最も早く始まったものです。

これらとは別に、2003年から私が所属する宮城県伊豆沼・内沼環境保全財団が、独自で行っているマガン羽数合同調査があります。これは、全国のマガン越冬地の観察者に呼びかけて、10～3月の月2回、マガンの一斉調査をするものです。

無理のない範囲でできるだけ調査間隔を短くし、それを同日に行うことで、渡りや気象条件などにともなうマガンの移動など、全国的な越冬状況を把握できます。そしてその情報をメーリングリストで共有します。また、

＊モニタリングサイト1000　日本を代表するさまざまな生態系の変化状況を把握し、生物多様性保全施策に活用するため、全国約1000カ所の調査地（モニタリングサイト）において、2003年度から開始された調査。そのなかの分野の1つとして、ガンカモ類の調査が含まれている。

ヒシクイなどマガン以外のガン類の情報も、できるだけ収集するようにしています。

秋と春の渡り時期、ガン類の中継地である北海道では、宮島沼水鳥・湿地センターの呼びかけで、マガン羽数合同調査と同様の調査が、道内の湿地や湖沼で行われています。また、新潟県では水鳥湖沼ネットワーク調査、九州地方では有明海・八代海のカモ類合同調査などを行っています。

個体数だけではなく、分布のモニタリングもあります。宮城県北部では、越冬期に月1回、昼間に農地にいるガン類の分布を記録する「フライングギースを探せ」と呼ばれる調査が行われています。分布調査では、個体数だけでなく、どのような農地にいたかといった項目も記録されます。たとえば、コンバイン刈りで秋起こししていない水田、大豆圃場(ほじょう)など、農地の区別も重要になります。

モニタリングの課題

現在、日本にはラムサール条約湿地が52カ所あります。それらをはじめ、全国には数多くの湿地や湖沼が点在しています。都市の公園内の池のように、面積が小さく、水辺へのアクセスが容易な場所から、広大な面積をもち、人が行けない、あるいはアクセスの容易でない場所もあります。ガンカモ類は人の都合にかかわらず、そうしたあらゆる水域を生息地としています。

また、我々日本人の少子高齢化にともない、ガンカモ類の識別やカウント能力のある専門的知識をもつ人材が不足し、さらに、現役の調査員たちも高齢化しています。日本のガンカモ類モニタリングの現状は、ある地域のデータを眺めるだけで、「何処どこの地域のカウント結果か、あの地域でこれをできるのはあの人だな」と、特定の人材をすぐに思い浮かべられるくらい、人材が限られているのです。これでは、将来にわたる長期的なモニタリングに支障をきたします。

そのため、ラムサール条約湿地や東アジア・オーストラリア地域フライウェイパートナーシップ（ＥＡＡＦＰ、第7章参照）の参加地など、渡り鳥の集まる湿地や湖沼では、市民参加型のモニタリングや自然観察会などのイベントを開催し、湿地や湖沼への関心を高め、長期的なモニタリングを可能とするための人材を増やす努力を続けています。

新技術を用いた鳥類モニタリング

長期的なモニタリングを行うための課題を解決する方法の1つとして、2016／17年から2018／19年にかけて、「フィールド調査とロボット・センサ・通信技術をシームレスに連結する水域生態系モニタリングシステムの開発」というテーマで、環境省から研究委託を受け、東京大学、北海道大学、酪農学園大学、私たちの財団で共同研究を行いました。

具体的には、低コストかつ効率的に、そして継続的な生態系の監視・管理を可能にするために、新技術（ロボット・センサ・通信技術）を活用し、鳥類モニタリングや生態系管理を行うことを目指したのです。ここでは、その共同研究のなかから、モニタリングに関することについて紹介します。

●マガンカメラ

北海道大学の山田浩之先生は、前述した定点センサスの考え方で、人の目の代わりに魚眼レンズを搭載した定点カメラを用いて、マガンを数えるカウントシステムを開発しました（図8‐4）。このシステムは、パソコンと通信機器が置かれている「基地局」と観測地点に置いたカメラユニットからなります。

基地局は、約２km離れた湖沼に設置されたカメラユニットに対して、撮影の実行やワイパーによるレンズカバーの清掃、基地局への画像転送といった命令を、無線信号で送ります。ここではマガンのねぐら入りに合わせて、２秒間隔で日の入り頃の約2時間の撮影を行うようにしました。また、基地局のパソコンは、遠く離れた場所からスマートフォンやパソコンを用いて操作できるようになっています。

撮影された画像は、基地局に転送された後に自動でインターネット上のファイル保管場所（クラウド）にも保存され、離れた場所でも記録された画像を閲覧できます。このシステムを、マガンの中継地である北海道の宮島沼と越冬地である伊豆沼・内沼に設置し、試験運用を行いました。高温や強風、氷点下の気温などの過酷な環境下でも運用でき、最長で1年放置しても使用できました。

連続して撮影すると、画像上で動くものが検出できます。そのなかからマガンらしい物体を基地局で画像処理して数えていきます。マガンは次々

図8-4　マガンカメラ
（写真提供：山田浩之氏）

と沼に戻ってくるため、この方法では、当然同じ個体を何度か数えてしまうことがあります。これは人の目でカウントした場合にも生じる問題ですが、そうした可能性を、マガンの大きさや動きなどからできる限り除いたのです。

試験運用で、マガンカメラのカウント結果と、人によるカウント結果を比較しました。30日分の結果を見ると、宮島沼では、マガンカメラで42００～6万7０００羽のところ、人で53００～6万4０００羽、内沼では、マガンカメラで2万～4万5０００羽のところ、人で2万～3万6０００羽と、マガンカメラでも人によるカウントに近い結果を得ることができました。

しかし、日によっては、人のカウントに比べてマガンカメラでの羽数が極端に多くなることもありました。これは、マガンカメラが、マガンのように写った飛行機雲などを間違って数えたり、上空をぐるぐると旋回して飛行するマガンや、ねぐら入りした後に再び飛び立ってしまうマガンを何度も数えたりしたためでした。

まだこのような改善すべき点がありますが、そうした場合を除けば、人がカウントした数にかなり近い値が得られるところまで開発が進んでいます。実用化を目指して、システムの耐久性やカウント精度の向上を進めています。

●UAV（無人航空機）

マガンカメラを開発した山田先生は、ねぐらに戻ってくるマガンを定点センサス的に記録しました。それに対して、酪農学園大学の小川健太先生は、UAV（無人航空機、通称ドローン）によって水面でねぐらをとっているマガンを、ラインセンサス的に記録する方法を考えました。すなわち、数を記録することは同じでも、マガンカメラが定点センサスの機械版ならば、UAVはラインセンサスのそれにあたります。

このアイデアを実現するためには、夕方にねぐら入りした後、もしくは早朝の飛び立ち前のマガンが、ねぐら内でじっとしている間に、その上空にUAVを飛ばして撮影することが必要です。

ここで問題になるのは、そうした暗い、照度の低い条件で撮影ができるかどうかという点です。宮島沼を対象として予備的な撮影調査をした結果、照度の低いときに、ＵＡＶで撮影して分析に使えるレベルの良質な明るい画像を得るためには、フォーサーズシステム*程度以上の大きな撮像素子をもつカメラと、画像のブレを防ぐための高性能なジンバル（カメラのブレを防ぐ機能をもつ固定装置の一種）の組み合わせが必要であることがわかりました（図８－５）。また、露出時間を最大１／２秒程度と、通常のＵＡＶ撮影より大幅に長くするのが有効ということも、こうした技術開発を通じてわかってきました。

撮影された画像からマガンをカウントするため、機械学習を活用することで、自動的にカウントできるようにし、さらにディープラーニングを応用して精度の向上および適用範囲の拡大を目指した結果、「Goose 1:2:3」というウェブサイト（http://goose123.jp/）ができました。水面に写っているガンカモ類などのＵＡＶ画像をアップロードすれば、何羽いるか自動的に答えてくれる優れたサイトです。

また、ガンカモ類ではありませんが、ハスの葉の上から魚類を採食するチュウサギというサギ類のモニタリングにも、ＵＡＶが使われています（図８－６、８－７）。夏の伊豆沼・内沼はハスで水面が覆われます。そのため、

*フォーサーズシステム　デジタル一眼レフカメラにおける共通規格の１つ。デジタルカメラやスマートフォンの画像はＣＣＤといった撮像素子によって記録する。35㎜フィルムを基準にそれと同じ大きさでつくられた素子がフルサイズであるが、フォーサーズはフルサイズの約１／４の面積である。面積が大きいほど画質はよくなり、暗所で撮影できるが、機器は大型化する。

岸からハスのなかにいるサギ類を見ることは難しく、正確な個体数や利用場所をなかなか把握することができません。

酪農学園大学の鈴木透先生は、こうした陸上からは見えない鳥を、UAVで空から眺める方法を検討しました。この方法なら、人がアクセスできない場所にいる鳥類をモニタリングすることができます。この方法は、ガンカモ類でも応用可能です。

図8-5　UAV（PHOTEC 8XHL）
（写真提供：小川健太氏）

図8-6　チュウサギ
（写真提供：高橋佑亮氏）

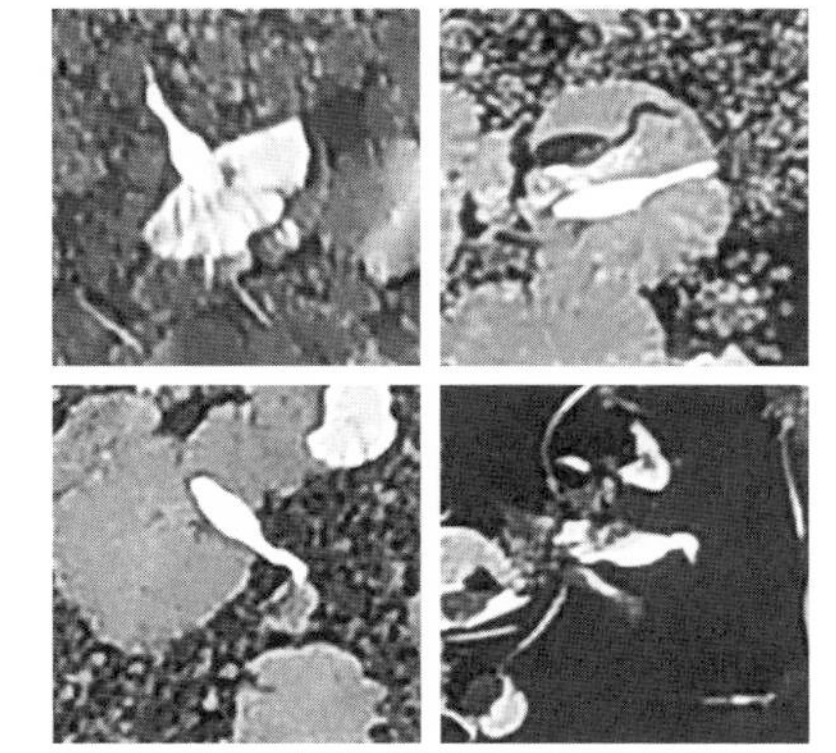

図8-7　UAVから見たチュウサギ
（写真提供：鈴木 透氏）

調査は、２０１８年9月に伊豆沼で行い、ＵＡＶを用いた空からのラインセンサスで、計７８５２枚の画像を撮影しました。撮影した画像からサギ類の有無を判別したところ、８５５枚の画像で、チュウサギをはじめとしたサギ類を確認することができました。また、ＵＡＶによって撮影された画像を処理することで､サギ類を含む物体が撮影されている画像のみを、非常に高い精度で抽出できることがわかりました。

このように、ＵＡＶを用いれば人では見えない、あるいはアクセスできない場所に生息する鳥類のモニタリングを、効率的に行うことが可能であることが示されたのです。

●UAVに対するガンカモ類の反応

ＵＡＶがモニタリングに有効だとしても、ガンカモ類を驚かす妨害要因となってはなりません。頭の上をＵＡＶに飛びまわられると、鳥たちが飛び立ってしまうのでは、と心配する読者もいるのではないでしょうか。ＵＡＶの飛行に関する基本的なルールは、国土交通省のガイドラインで定められています。しかし、ガンカモ類など鳥類の妨害をしないような、飛行方法に関する具体的な知見は国内にはありません。

そこで、ガンカモ類へのUAVの影響を評価するため、宮島沼、伊豆沼・内沼、福島潟、茨城県北浦において、DJI社のPhantom 4という機種を用いてガンカモ類への各種の接近試験を行いました（図8-8）。逃避や飛去などのUAVに対するガンカモ類の忌避反応に基づいて、UAVが妨害要因とならないような、離陸地から群れまでの距離（図8-8の①参照）、遠くの上空から群れの真上までUAVを近づけるときの「水平接近高度」（同②参照）、群れの上に到達したUAVの高度を群れに向かって下げるときの「垂直接近高度」（同③参照）の目安を検討したのです。

その結果、UAVをどのくらい群れから離して離陸させればよいかというと、マガンでは、水面

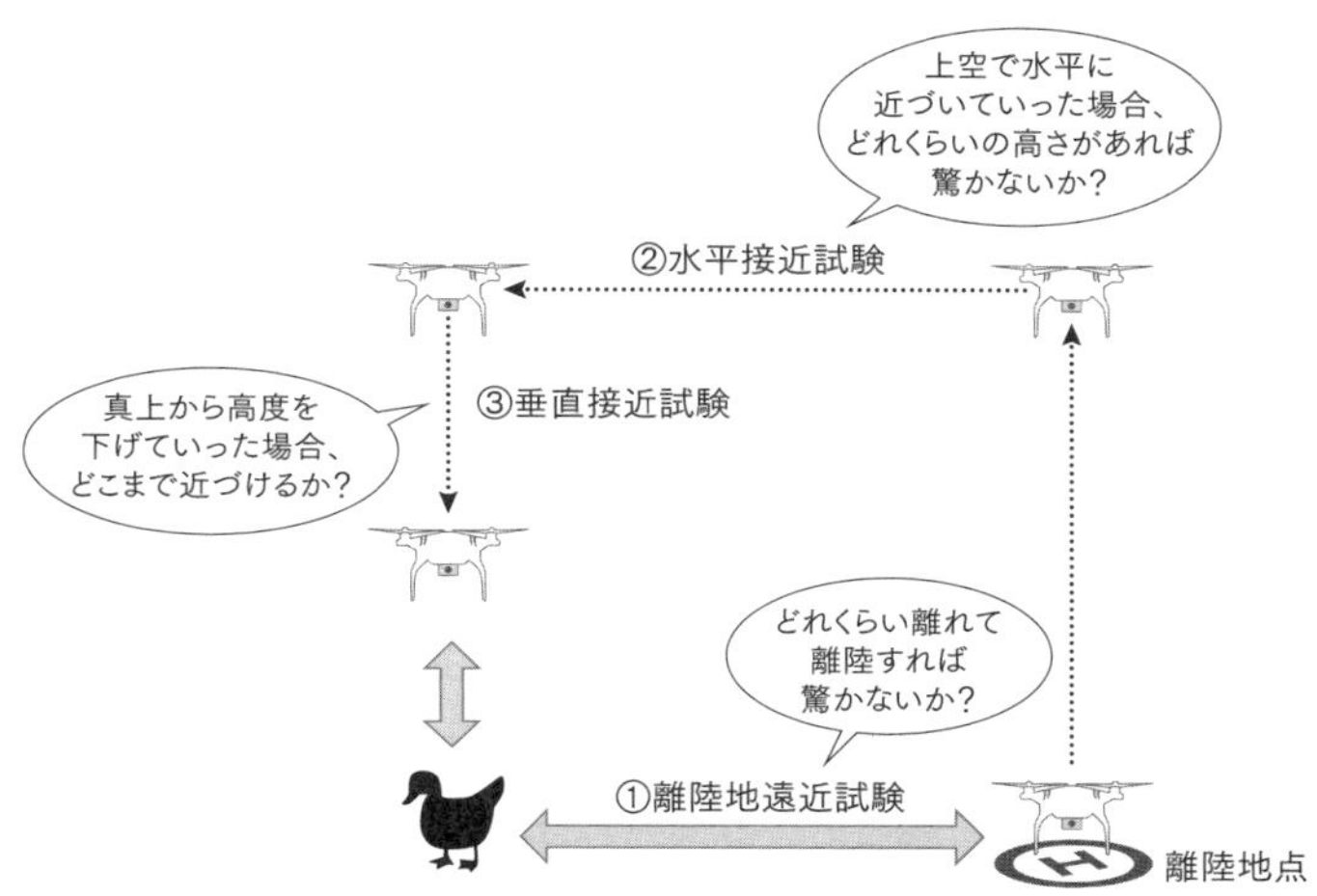

図8-8　UAVの影響を評価するためのガンカモ類への各種接近試験
（作図：高橋佑亮氏）

にいる群れの場合では200m以上、農地にいる群れでは400m以上の距離をとって、UAVの離陸地を選ぶことが必要とわかりました。また、カモ類では100m以上、ハクチョウ類では150m以上の距離をとって、離陸させる必要があることもわかりました。

ただし、群れによってその距離は多少異なります。近くで大丈夫なこともあれば、遠くにする必要があることもあるのですが、鳥を驚かさないためにはこれほどの距離が必要だったのです。なお、マガンでは比較的近くに寄ることのできる群れであっても、最低100m以上の距離を確保すべきであることもわかりました。

UAVを水平に飛ばして群れの上に近づけていくときの「水平接近高度」については、対象の種によって大丈夫な高さが異なります。これを見るとマガンでは、水面にいる群れでは50m以上の高度、農地にいる群れでは150m以上の高度が必要であることがわかりました。カモ類では、100m以上の高度が望ましく、最低でも30m以上の高度が必要なこと、ハクチョウ類では、100m以上の高度で飛行させ、最低でも20m以上の高度を保つことが望ましいこともわかりました。

次に「垂直接近高度」を見てみましょう。これは前述のように、高い高度でＵＡＶを群れの上空に移動したのち、ゆっくりとＵＡＶを下げてゆき、どこまで近づけることができるのかという高度です。

たとえば水面にいるマガンの群れでは、水平接近していったとき、50ｍの高度で逃避行動が認められました。つまり50ｍという高さが、ＵＡＶを下げることのできる下限の目安となります。はたして鳥は真上から接近してくるＵＡＶに対し、どの高さまでなら許容してくれるのでしょうか。真上からＵＡＶを下げていった場合、水面にいるマガンの群れでは30ｍまで下げることができましたが、農地にいる群れの下限高度は90ｍでした。水面にいるカモ類では70ｍ、ハクチョウ類では農地にいる群れでは70ｍ、水面にいる群れでは80ｍが下げて近づける限界の高度になることがわかりました。

この３つの試験で、マガンがＵＡＶに忌避反応を示す距離を見ると、いずれの試験でも水面のときより農地にいたときの方が、遠い距離からＵＡＶを警戒しました。それは水面と比較して、農地など陸上での警戒心がより強いことを意味し、これまで述べてきたように、マガンが水面をより安全な場所と考えている証拠といえます。

ほかにも、ガンカモ類がＵＡＶを忌避する要因として、機体の接近という視覚的な要因と、ローターが回転することで発生する風騒音（ローター音）という聴覚的な要因の２つが考えられます。検証の結果、ガンカモ類の忌避反応は、機体そのもの、すなわち視覚的な刺激が要因となっていることがわかりました。

私たちの財団では、これらの情報を含め、ＵＡＶの〝いろは〟からその活用を総合的に解説したガイドラインを作成し、「ドローンを活用したガンカモ類調査ガイドライン」として公開しています（http://izunuma.org/pdf/drone_gideline.pdf）。

人のもつ知見と新技術の融合

マガンカメラやＵＡＶなど新技術さえあれば、モニタリングの課題が一気に解決するかといえば、そうではありません。新技術があっても現場に精通し、ガンカモ類の生態をよく知る人材がいないと、技術を適切に活用できないからです。新技術をうまく活用し、人のもつ知見と新技術が融合

図8-9　えりも町庶野漁港周辺で得られたコクガン43番の位置情報
コクガン43番が撮影された2020年12月6日には、4時間ごとに6回、GPS送信機からの位置情報（図中の◉）が取得された。43番については図2-30も参照。背景図にはGoogle Earthの航空写真を使用した。（左上の写真提供：谷岡 隆氏）

して初めて、低コストかつ効率的に、そして継続的なモニタリングが可能になるのです。

技術の発展には目覚ましいものがあります。モニタリングに限らず、さまざまなテーマで技術が進歩することで、これまでわからなかったガンカモ類の世界が見えてくると思います。しかし、そのためには、人のもつ知見と新技術が融合する必要があります。最後にそのことを強く感じた出来事を記して、筆を置きたいと思います。

第2章で、コクガン43番の旅を紹介しました。その旅を明らかにしたGPS追跡も過去にはなかった新技術です。43番が日本に帰ってきたことは、位置情報からわかっていたものの、それはパソコンの画面に映し出される「点」でしかありませんでした（図8-9）。画面が示す座標の場所に43番がいるのは確かなのですが、それを見ている人間には、現実感がまったくないのです。

このコクガン43番は北海道の襟裳岬周辺にいたのですが、その近くに野鳥研究家の谷岡隆さんがお住まいでした。近くといっても広い北海道、ご自宅から片道3時間の距離です。しかし、どうしても

43番の姿を見たかった私は、悩んだ末にこの大先達に撮影を依頼しました。谷岡さんは、GPS情報を頼りに3日間通った末、この個体を現地で見つけ出して撮影に成功し、図2-30と図8-9で紹介したような、すばらしい写真を撮ってくださったのです。

GPS情報があるからといって、広い沿岸域を調査して小さな1羽のコクガンを探すのは、容易なことではありません。長年にわたって鳥類を研究してこられ、その生態を知っている熟練カメラマンである谷岡さんだからこそ、なしえたことです。鳥類の熟練観察者の知識とGPS追跡という新技術が融合したことによって、43番を撮影することができたのです。

その後、43番は、2020年12月30日に北海道広尾町の十勝港で記録されたのを最後に、消息不明となりました。この原稿を書いている2021年2月上旬になっても依然として行方はわからないままです。もしあのとき、谷岡さんに撮影していただいていなければ、私は戻ってきた43番のたくましい姿を見ることはできなかったでしょう。

人がもつ知見と新技術の融合によって、つかのまとはいえ、元気な姿を見ることのできたコクガン43番、私はこのことを生涯忘れないと思います。

おまけ

ガンカモ類を調べてみよう!

ガンカモ類を見る楽しみはさまざまです。純粋に観察や識別を楽しむ、写真を撮って楽しむ、農地で群れが飛び去った後に、糞や食痕を探して彼らの活動を探る、などいろいろです。第8章で述べたような方法で鳥をモニタリングし、記録するのもその1つです。ここでは、彼らの世界をより理解するために、その基本を踏まえた上で、私たちが行っている、目的に応じたいくつかの調査方法を紹介しながら、皆さんにも、よりガンカモ類の観察を楽しんでもらえるようなポイントについてアドバイスしたいと思います。

個体数を調べる

第8章でも述べましたが、個体数を数えることは、最も基本的なことです。小さい池などで池全体を見渡せる定点があれば、そこからすべてのガンカモ類を数えることができます。観察する池を複数に増やして、池ごとにカモ類の種類の構成を比較したり、雌雄別に数えたり、さらには、それらを季節ごとに見ると、環境や季節に応じた種ごとの特性が見えてきます。

伊豆沼・内沼のような広い水域では、いくつかの定点に分けて数えます。

対岸が見える場合は、人家などの建物を目印に、沼上に見通し線をつくって便宜的に水面を分けます。逆光では鳥が影になって種の識別が難しくなるため、南側から順光で鳥を数えられる定点をできるだけ多くします。

調査を始める前に、日時、天候、雲量、風の強さを記録します。雲量は、上空を眺めて雲をはじに寄せたとき、雲が空全体の何割占めるかを10段階で評価したものです。晴れていても、雲がまったくない場合から曇りがちな場合まであります。雲量を記録しておくと、天候をある程度定量的に評価できます。

その後、いよいよカウント開始です（**図1**）。まず双眼鏡で眺めて、カウント範囲内のどこに、どれだけの数の鳥がいるか当たりをつけます。その後にカウンターを握りしめ、望遠鏡で群れを見ながら数えていきます（第8章参照）。

時々、オジロワシやハヤブサなどの猛禽類や、漁師の船の接近によってガンカモたちが逃げ、範囲外に飛んでいくことがあります。「せっかく数えたのに」とがっかりする瞬間ですが、それにめげないでください。数え直すことも一つの方法ですが、ダブルカウントを避けるため、どの程度の

図1　望遠鏡で見ながら四連カウンターでカウントする筆者
（写真提供：細川 幸氏）

数が移動したかをメモすることで解決することもできます。なお、ダブルカウントとは、同じ個体を2回数えてしまうことを指します。そして、複数の定点で数えた後、種ごとに個体数を集計します。

ガン類の飛び立ち、ねぐら入りを観察する

カモ類やオオハクチョウ、亜種オオヒシクイなどは、湖沼で昼間活動するため、日中に湖沼で数えれば、全体数を把握することができます。一方で、マガンや亜種ヒシクイなど、ねぐらから遠くの農地を利用する鳥（第5章参照）では、昼間は広範囲に分散しています。

湖沼にいる夜間は姿が見えないので、正確な数を把握するとしたら、朝と夕方に、湖沼と農地の間を移動している途中の飛翔個体の数を数える必要があります。このように、個体数を把握するためには、その種の行動パターンを理解した上で適切な方法をとることが大切です。

飛び立ち、ねぐら入り時のどちらの観察でも、日の出、日没の30分前くらいには定点で待機します。伊豆沼・内沼ではマガンが圧倒的に多いのですが、最近はシジュウカラガン、ハクガン、カリガネなどの希少なガン類

も増えてきました。

多数のマガンのなかで、これらのガン類を識別するのはかなり難しいことです。しかし、鳴き声が異なるため、それを頼りに、少なくともいるかいないか程度は把握できます。ハクガンは白くて目立つため、目で見て識別できる場合もあります。

マガンは、朝の「沼→農地」、夕方の「農地→沼」の一方向だけでなく、いったん農地へ行ったもののまた沼へ戻ったり、沼へ戻ってきたもののまた農地へ行ったり、という動きを見せる群れがいます。また、観察場所ではない、別の場所にある湖沼から飛び立った群れや別の湖沼へ帰る群れが、目の前の湖沼の上空を通過する場合もあります。動きを観察しながら、「どこから飛んできたのだろう」「どこでねぐらをとるのだろう」と推測することで、観察場所を含めた広域な範囲の行動パターンを知る手がかりがつかめることもあります。

家族行動を観察する

ガン類やハクチョウ類は、越冬期、家族で行動します。群れ全体の日周行動を調べる方法は、第8章で述べましたが、ここでは、もう少し細かく家族行動を観察するときのポイントについてお話しします。第2章で述べたマガンの家族行動も、基本的にはこの方法で記録したものです（個人的にはこの調査が一番好きです）。

行動の調査用紙の例を**図2**に示しました。観察前の必要事項を記録した上で、対象の家族を見つけて、家族を構成する1羽1羽の行動を記録していきます。成鳥のオスとメスの区別ができない場合には、親と子の区別だけとなります。たとえば、1羽の親に注目して、30秒ごとに行動（採食や警戒、威嚇、休息など）を10分間継続して観察し、記録します。その後、家族内の別の個体に着目して、同じように記録をとります。記録用紙は1羽ごとに作成します。1家族のデータをとり終わったら、別の家族へ移ります。

家族すべてに標識できれば、雌雄別などで、より詳細な記録をとれます。実際に、２０２1年1月下旬には宮城県の志津川湾でコクガンの家族4羽（成鳥2羽、幼鳥2羽）の捕獲に成功し、家族すべての個体に、標識とGPS送信機を装着することができました（**図3**）。国内のガンカモ類の追

ガンカモ類の個体別行動調査用紙

調査日：　　　年　　月　　日　天候：　　　雲量：　　　風：無・弱・中・強

調査地：　　　　　　　種：　　　　　　　調査者：

家族構成：成　羽、幼　羽　　　対象個体：成・幼　　　標識：

時刻	群れサイズ	家族の位置[1]	行動								備考
			採食	警戒	威嚇	移動	羽づくろい	社会[2]	休息	背眠[3]	
:											
:											
:											
:											
:											
:											
:											
:											
:											
:											
:											
:											
:											
:											
:											
:											
:											
:											
:											
:											

図2　調査用紙の例

注　1) 家族の位置：群れのなかで、端や中央など、どこにいたか。 2) 社会行動：あいさつや求愛行動。 3) 背眠行動：くちばしを背の羽毛の中に入れて休息すること（図2-19参照）。

跡で、1家族すべての個体に、送信機を装着して追跡するのは初めてのことです。親は間違いなく繁殖鳥なので、彼らが無事に北極圏へ戻れば、繁殖地が明らかになる可能性があります。また、家族のつながりがどうなっているかも興味深いところです。

　このコクガンの家族行動を見ると、基本的にお父さんが警戒や他個体への威嚇などを行っていて、お母さんも少し警戒や威嚇などをしました。一方で、子どもたちはひたすら食べていました。コクガンの群れをよく見ると、群れのあちこちで威嚇し合い、いさかいをしています。そうしたなかでは、お父さんお母さんの庇護があるからこそ子どもたちは安心して食事に専念でき、体力をつけることができるのでしょう。

　この調査は、これまで紹介した群れ全体を見る調査と異なり、1羽を集中して観察できるため、鳥と対話している気持ちになります。「こう思っているのかな」と、なんとなく鳥の気持ちが透けて見えることがあります。望遠鏡越しに鳥と濃密な対話ができるという充実感があります。

　これまで述べてきたのは、基本的に〝観察する〟調査ですが、さらに私たちは、農地で落ち籾（もみ）や落ち大豆などの食物資源量を調べる（図4）、そ

図3　標識されたコクガンの家族
一番左がお父さんで、一番右がお母さん。

れらを採取して栄養価を調べる、糞を採集して食物内容を調べる、捕獲してGPS追跡するなど、さまざまな調査を行っています。興味のある方は、これまで述べてきた章と、それに関連する参考文献（巻末）をご覧ください。

調査や観察のマナー

鳥の調査や観察は、彼らが自然にふるまっている状況で行うことが前提です。そうでないと、彼らの本来の暮らしが見えないからです。そのためには、鳥との一定の距離が必要です。ガン類やハクチョウ類などでは、人が群れに近づくにつれて、動きを止め、首を上げる個体が増えていきます。カモ類がこちらを見ながらスーッと水面を泳いで遠ざかれば、警戒している証拠です。それ以上は近づかないで、彼らが自然にふるまう位置まで下がります。

鳥と一定の距離を保つために必須となる道具が、双眼鏡や望遠鏡です。双眼鏡には、たとえば「8×30」などの表記が付いていますが、これは、倍率が8倍で、対物レンズの口径が30㎜であることを示します。「10×42」

図4　落ち籾を計測するために設置された1×1mの方形区
藁を避けながら列ごとに、枠内の落ち籾を丹念に探して数えていく。

であれば倍率10倍で口径が42㎜ということです。倍率が高いほど、鳥が大きく見える反面、その分視野が狭くなります。また、対物レンズの口径が大きいほど、同じ倍率でも明るい映像で見ることができます。

ガンカモ類は、見つけやすい一方、遠くにいることが多いため、10倍程度の倍率が適しています。そして、その倍率に応じた明るい映像を見るために、私は少し大きめの口径を選び、10×42の双眼鏡を使っています。望遠鏡も同じ理屈で表記されており、ガンカモ類の観察では、少なくとも30倍程度の倍率が適しています。これらの道具を使って、鳥たちに影響を与えずに、遠くからじっくりと観察を楽しみましょう。

車中から観察するというのも、鳥たちに影響を与えない有効な方法です（図5）。農地では、可能ならば軽トラックが一番よいです。鳥たちは軽トラックをはじめ、コンバインやバインダーなどの農作業機械にはあまり警戒心をもちません。見慣れている上、自分たちには関心が向けられないことを知っているからでしょう。

車で観察する場合には、ほかの車や人の通行の邪魔にならないように、駐車位置には十分に注意が必要です。また、観察場所に到着したら、すぐ

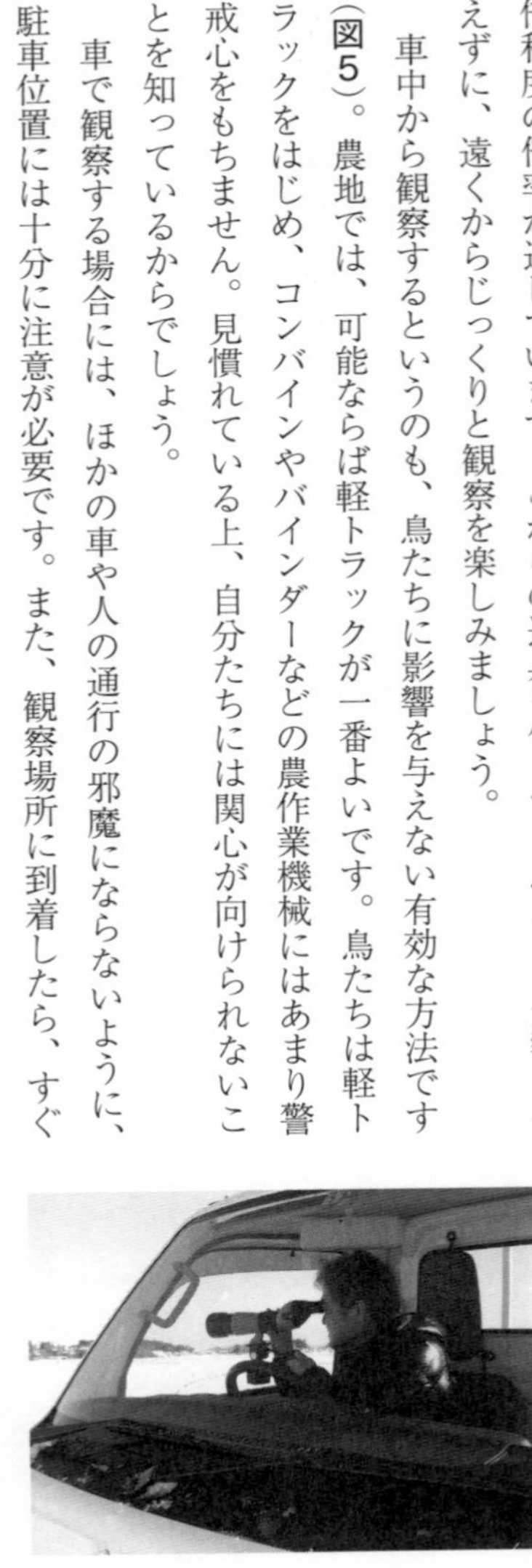

図5　軽トラックの車内から望遠鏡で観察する筆者
（写真提供：細川 幸氏）

にエンジンを切り、ライトを消すなどという配慮も必要です。鳥に人の気配を感じさせないようにしなければなりません。

最近、一部のカメラマンが鳥の飛び立ちの瞬間を撮影しようと、農地に進入して、鳥たちをわざわざ驚かせて飛び立たせ撮影するといったトラブルが増えています。これは野鳥撮影のマナー違反です。多くのカメラマンやバードウォッチャーは、鳥との距離感を保ちながら、鳥に負担をかけないように観察や撮影をしています。実際、飛び立つところを撮影するために、一定の距離を保って、ひたすら何時間もその瞬間が訪れるのを辛抱強く待ち、一瞬を切り取る努力を重ねています。鳥たちに無理強いした写真は、ぱっと見の迫力はあっても、実際は、どこか必ず不自然な違和感があります。それは、彼らの自然な姿ではないからです。また、そうした問題行動を起こすわずか一部のカメラマンが原因で、多くのまじめなカメラマンまでが悪く言われてしまうのは、不幸なことだと思います。

撮影においても観察においても、私たちは鳥たちの世界にお邪魔しているのだ、という謙虚な姿勢をもつことが何より大切なことです。

もっとよく知りたい方へ（参考文献）

第1章
・ギル、FB（2009）鳥類学．山岸 哲 日本語版監修．山階鳥類研究所 訳．新樹社、東京．（生理、形態、生態など鳥類の全体像をわかりやすく、幅広く解説した書籍）
・Kear J (2005) Ducks, Geese and Swans. Volume 2. Oxford University Press, Oxford.（世界のガンカモ類の形態や分布、生態を解説した書籍）
・日本鳥学会（2012）日本鳥類目録 改訂第7版．日本鳥学会、東京．（日本鳥学会が日本産鳥類として認めた種の目録）
・嶋田哲郎（2020）伊豆沼・内沼のガンカモ類．伊豆沼・内沼研究報告14：1-14．（伊豆沼・内沼で越冬するガンカモ類の越冬生態をまとめた総説論文）
・嶋田哲郎（2021）ハクチョウ類・ガン類・カモ類の渡り．鳥の渡り生態学．樋口広芳 編．東京大学出版会、東京．11-37頁（日本から追跡されたガンカモ類の渡りをまとめた総説）
・田悟和巳・髙橋明寛・萩原陽二郎・益子 理・横山陽子・近藤弘章・有山義昭・樋口広芳（2020）レーダーを用いた夜間の渡り鳥の飛跡数、飛翔高度、渡り経路の追跡．日本鳥学会誌69：41-61．（北海道から九州の140地点で、船舶レーダーを用いて行った夜間の鳥類の渡り調査についての論文）

第2章
・Kear J (2005) Ducks, Geese and Swans. Volume 2. Oxford University Press, Oxford.
・Kölzsch A, Flack A, Müskens GJDM, Kruckenberg H, Glazov P, Wikelski M (2020) Goose parents lead

migration V. Journal Avian of Biology 51. doi: 10.1111/jav. 02392.（マガン４家族にＧＰＳを装着して春の渡りを追跡し、親〔特にオス親〕がＶ字飛行の先頭に立つことを明らかにした論文）

- ローレンツ、Ｋ（１９８０）動物行動学２．上．日高敏隆・丘 直道 訳．思索社、東京．（ガンカモ類の求愛行動を詳細に観察することで、「エソグラム」と呼ばれる、特有かつ典型的な行動を整理した行動カタログを用いて、行動の進化を議論した書籍）
- Shimada T (2001) Roosting of ducks on open water: resting site selection in relation to safety. Japanese Journal of Ornithology 50: 167-174.（カモ類のうち、マガモやカルガモなどの水面採食性カモ類では、安全な池ほど個体数が増加することを明らかにした論文）
- 嶋田哲郎（２０２０）伊豆沼・内沼のガンカモ類．伊豆沼・内沼研究報告14：１‐14．（説明は２７２頁の同文献を参照）
- 嶋田哲郎（２０２１）ハクチョウ類・ガン類・カモ類の渡り．鳥の渡り生態学．樋口広芳 編．東京大学出版会、東京．（説明は２７２頁の同文献を参照）
- Weimerskirch H, Martin J, Clerquin Y, Alexandre P, Jiraskova S (2001) Energy saving in flight formation. Nature 413: 697-698.（大型鳥類では、Ｖ字飛行をすることでエネルギーを節約して飛行できることを明らかにした論文）
- 吉安京子・森本 元・千田万里子・仲村 昇（２０２０）鳥類標識調査より得られた種別の生存期間一覧（１９６１‐２０１７年における上位２記録について）．山階鳥学雑誌52：21‐48．（鳥類標識調査で得られたデータから、種別に生存期間を求め、その上位の２記録について整理した論文）

第３章

- Chen W, Doko T, Fujita G, Hijikata N, Tokita K, Uchida K, Konishi K, Hiraoka E, Higuchi H (2016) Migration of Tundra Swans (*Cygnus columbianus*) wintering in Japan using satellite tracking: identification of the eastern Palearctic flyway. Zoological Science 33: 63-72.（日本からのコハクチョウの渡り経路を明らかにした論文）

- Doko T, Chen W, Hijikata N, Yamaguchi N, Hiraoka E, Fujita M, Uchida K, Shimada T, Higuchi H (2019) Migration patterns and characteristics of Eurasian Wigeons (*Mareca penelope*) wintering in southwestern Japan based on satellite tracking. Zoological Science 36: 490–503.（日本からのヒドリガモの渡り経路を明らかにした論文）
- 藤井　薫（２０１７）日本におけるコクガンの個体数と分布（２０１４－２０１７年）．Bird Research 13：69－77.（3年間にわたる全国のコクガンの個体数と分布をまとめた論文）
- Higuchi H (2012) Bird migration and the conservation of the global environment. Journal of Ornithology 153 : 3-14.（日本で衛星追跡された鳥類の渡り経路に関する総説論文）
- Hupp JW, Yamaguchi N, Flint PL, Pearce JM, Tokita K, Shimada T, Ramey AM, Kharitonov S, Higuchi H (2011) Variation in spring migration routes and breeding distribution of northern pintails *Anas acuta* that winter in Japan. Journal of Avian Biology 42: 289–300.（日本からのオナガガモの渡り経路を明らかにした論文）
- 呉地正行（２００６）雁よ渡れ．どうぶつ社，東京．（「日本雁を保護する会」の活動によって，明らかとなったガン類の生態をまとめた書籍）
- Moriguchi S, Amano T, Ushiyama K, Fujita G, Higuchi H (2010) Seasonal and sexual differences in migration timing and fat deposition in the Greater White-fronted Goose. Ornithological Science 9: 75-82.（マガンの渡りのタイミングと脂肪蓄積量の関係を分析し，短時間でかつより早い繁殖地への到着が求められる春の渡りでは，渡りの出発日が集中し，時間的制約のない秋の渡りと比較して，メスの脂肪蓄積量が増加したことを明らかにした論文）
- 森口紗千子（２０１９）渡り鳥マガンの遺伝構造からみえるフライウェイの保全管理．遺伝子から解き明かす鳥の不思議な世界．上田恵介 編．一色出版，東京．３６９－３８５頁．（脱落羽毛の遺伝子解析によって，日本と韓国のマガンは同じ個体群で，中国とは異なる個体群であることを明らかにした）
- 尾崎清明・小松隆宏・池内俊雄・Gerashimov Y・米田重玄・馬場孝雄（１９９９）オオヒシクイの人工衛星追跡による繁殖地の発見．日本鳥学会１９９９年度大会講演要旨集．（衛星追跡によって，新潟県福島潟からの亜種オオヒシクイの渡り経路を明らかにした）
- Sawa Y, Tamura C, Ikeuchi T, Fujii K, Ishioroshi A, Shimada T, Tatsuzawa S, Deng X, Cao L, Kim H, Ward D (2020) Migration routes and population status of the Brent Goose *Branta bernicla nigricans* wintering in East Asia. Wildfowl special issue 6: 244-266.（日本で越冬するコクガンの，分布や個体数，明らかになりつつある渡り経路を示した論文）
- Shimada T, Kurechi M, Suzuki Y, Tokita K, Higuchi H (2013) Drinking behaviour of Brent Geese recorded by remote interval photography. Goose Bulletin 17: 6-9.（監視カメラによって，コクガンの飲水行動を明らかにした論文）
- Shimada T, Yamaguchi NM, Hijikata N, Hiraoka E, Hupp JW, Fint PL, Tokita K, Fujita G, Uchida K, Sato F, Kurechi M, Pearce JM, Ramey AM, Higuchi H (2014) Satellite tracking of migrating Whooper Swans *Cygnus cygnus* wintering in Japan. Ornithological Science 13: 67-75.（日本からのオオハクチョウの渡り経路を明らかにした論文）
- 嶋田哲郎（２０２１）ハクチョウ類・ガン類・カモ類の渡り．鳥の渡り生態学．樋口広芳 編．東京大学出版会，東京．（説明は２７２頁の同文献を参照）
- Tajiri H, Sakurai Y, Tagome K, Nakano Y, Yamamoto Y, Ikeda T, Yamamura Y, Ohkawara K (2015) Satellite telemetry of the annual migration of Baikal Teal *Anas formosa* wintering at Katano-kamoike, Ishikawa, Japan. Ornithological Science 14: 69-77.（日本からのトモエガモの渡り経路を明らかにした論文）
- Takekawa JY, Kurechi M, Orthmeyer DL, Sabano Y, Uemura S, Perry WM, Yee JL (2000) A pacific

spring migration route and breeding range expansion for Greater White-fronted Geese wintering Japan. Global Environmental Research 4: 155-168.（日本からのマガンの渡り経路を明らかにした論文）

- Yamaguchi N, Hiraoka E, Fujita M, Hijikata N, Ueta M, Takagi K, Konno S, Okuyama M, Watanabe Y, Osa Y, Morishita E, Tokita K, Umada K, Fujita G, Higuchi H (2008) Spring migration routes of Mallards (*Anas platyrhynchos*) that winter in Japan, determined from satellite telemetry. Zoological Science 25: 875–881.（日本からのマガモの渡り経路を明らかにした論文）

第４章

- 池内俊雄（１９９６）マガン．文一総合出版、東京．（マガンの生態を詳述した書籍。日本人とガンに関わる文化的観点からの解説もある）
- 今村知子・杉森文夫（１９８９）羽色に基づく繁殖期のカルガモの雌雄判別．山階鳥類研究所研究報告 21：２４７‐２５２．（上尾筒、下尾筒の羽色を用いることで、カルガモの雌雄判別ができることを明らかにした論文）
- Kear J (2005) Ducks, Geese and Swans. Volume 2. Oxford University Press, Oxford.（説明は２７２頁の同文献を参照）
- 黒田長礼（１９３９）雁と鴨．修教社書院、東京．（ガンカモ類の形態、生態などを詳述した古典。かつての国内のガンカモ類の生息状況を知る上で、貴重な資料である）
- Sawa Y, Sato T, Ikeuchi T, Pozdnyakov V (2019) Banding survey at colonies of Brent Goose, *Branta bernicla* in the Lena Delta, Russia, and a recovery record. Bulletin of the Japanese Bird Banding Association 31: 65-72.（ロシアのレナデルタで繁殖するコクガンコロニーにおける巣場所の位置などの営巣状況を記載した論文）
- Shimada T (1999) Fluctuation in the number of Spotbilled ducks in the Shinhama Bird Reserve, central

Japan. Duck Specialist Group Bulletin 2: 41-43.（千葉県の行徳鳥獣保護区におけるカルガモの個体数変動を記した論文）
- Shimada T, Kuwabara K, Yamakoshi S, Shichi T (2002) A case of infanticide in the Spot-billed Duck in circumstances of high breeding density. Journal of Ethology 20: 87-88.（カルガモで、繁殖密度が高い場所では他家族の子を殺す、子殺しが起こることを述べた論文）
- Solovyeva DV, Koyama K, Vartanyan S (2019) Living child-free: proposal for density-dependent regulation in Bewick's Swans *Cygnus columbianus bewickii*. Wildfowl special issue 5: 197-210.（コハクチョウで、親の個性が繁殖成功に関わることを述べた論文）

第5章

- 藤本泰文・嶋田哲郎・井上公人・高橋佑亮・速水裕樹（２０２０）．２０１６／１７年の低水位時に生じたオオハクチョウの採食活動によるハス群落の減少とその後の溶存酸素濃度の上昇．保全生態学研究２５：９９－１０８．（オオハクチョウの採食圧が、ハス群落の減少を通じて水質にまで影響を及ぼしたことを明らかにした論文）
- Kasahara S, Koyama K (2010) Population trends of common wintering waterfowl in Japan: participatory monitoring data from 1996 to 2009. Ornithological Science 9: 23-36.（環境省のガンカモ類の生息調査のデータを用いて、ガンカモ類の個体数の長期的変化を明らかにした論文）
- 呉地正行（２００６）雁よ渡れ．どうぶつ社、東京．（説明は２７４頁の同文献を参照）
- 日本雁を保護する会・雁の里親友の会・コクガン共同調査グループ（２０２１）希少ガンのシンポジウム（オンライン）要旨集．宮城県伊豆沼・内沼サンクチュアリセンター、宮城．（カリガネ、ハクガン、シジュウカラガン、コクガンなど希少なガン類の現状に関するシンポジウムの要旨集）
- 日本雁を保護する会（呉地正行・須川 恒）編（２０２１）シジュウカラガン物語～幸せを運ぶ渡り鳥、

日本の空にふたたび！ 京都通信社、京都．（絶滅が心配された、日本に飛来するシジュウカラガンを増やす活動と成果をまとめた書籍）

• 嶋田哲郎・呉地正行・鈴木 康・宮林泰彦・樋口広芳（２０１３）東日本大震災がコクガンの越冬分布に与えた影響．日本鳥学会誌62：９-15．（東日本大震災が、三陸海岸南部沿岸で越冬するコクガンの分布や個体数に与えた影響を明らかにした論文）

• Shimada T, Mori A, Higuchi H (2016) Trends in the abundance of diving ducks and seaducks wintering in Japan. Wildfowl 66: 176-185.（環境省のガンカモ類の生息調査のデータを用いて、潜水採食性カモ類の個体数の長期的変化を明らかにした論文）

• Shimada T, Hijikata N, Tokita K, Uchida K, Kurechi M, Suginome H, Yamada Y, Higuchi H (2016) Satellite-tracking of the spring migration and habitat use of the Brent Goose *Branta bernicla* in Japan. Ornithological Science 15: 37-45.（三陸海岸南部沿岸で、衛星追跡によって明らかになったコクガンの越冬期の環境利用と春の渡り経路を明らかにした論文）

• 嶋田哲郎・植田健稔・星 雅俊・森 晃（２０１７）水位変動がオオハクチョウの採食場所選択に及ぼす影響．Bird Research 13：５-９．（伊豆沼・内沼と隣接した農地などで採食するオオハクチョウの、水位変動に応じた採食場所の選択を明らかにした論文）

• Shimada T, Yamada Y, Hijikata N, Tokita K, Uchida K, Kurechi M, Suginome H, Suzuki Y, Higuchi H (2018) Utilisation of terrestrial habitat by Black Brant *Branta bernicla nigricans* after the Great East Japan Earthquake of 2011. Wildfowl 68: 172-182.（三陸海岸南部沿岸で衛星追跡されたコクガンが、沿岸部だけでなく、津波によってできた内陸部に残存した湿地も利用したことを明らかにした論文）

• 嶋田哲郎・植田睦之・高橋佑亮・内田 聖・時田賢一・杉野目 斉・三上かつら・矢澤正人（２０１８）ＧＰＳ-ＴＸによって明らかとなった越冬期のオオハクチョウ、カモ類の環境選択．Bird Research 14：１-12．（オオハクチョウ、マガモ、オナガガモにＧＰＳ-ＴＸを装着して追跡し、越冬生態を明らかにし

た論文）
・嶋田哲郎・植田睦之・高橋佑亮・内田 聖・時田賢一・杉野目 斉・三上かつら・矢澤正人（２０１９）ＧＰＳ－ＴＸによる越冬期のマガモ、カルガモの行動追跡．Bird Research 15：15－22．（マガモ、カルガモにＧＰＳ-ＴＸを装着して追跡し、越冬生態を明らかにした論文）
・嶋田哲郎（２０２０）伊豆沼・内沼のガンカモ類．伊豆沼・内沼研究報告14：１－14．（説明は２７２頁の同文献を参照）
・Shimada T, Kasahara S, Kurechi M, Suzuki Y, Higuchi H (2020) Frequency of kleptoparasitism by Black Brant *Branta bernicla nigricans* on Eurasian Coot *Fulica atra* differs between years and habitats. Wildfowl 70: 94-106.（三陸海岸南部沿岸で越冬するコクガンが、オオバンからアマモを奪う労働寄生を一定の割合で行うことを明らかにした論文）
・牛山克巳・森口紗千子・天野達也（２０１４）宮島沼におけるマガン研究と保全管理．湿地研究５：５－14．（小麦食害や鉛中毒など宮島沼におけるマガンの研究と保全管理を総括した論文）
・Wetlands International (2012) Waterbird Population Estimates. Fifth Edition. Summary Report. Wetland International, Wageningen.（世界の水鳥類の個体数推定をまとめたレポートで、定期的に更新される）

第６章

・羽田健三 編（１９８６）鳥類の生活史．築地書館、東京．（ガンカモ類研究の教科書となる書籍。本書で述べたこと以外にも、食物や採食方法と形態〔筋肉、骨格など〕の関係なども含め、ガンカモ類社会の全体像を明らかにしている。バードリサーチニュース vol.10, No.10〔2013〕とNo.11〔2014〕で筆者が羽田研究の概要を紹介している）
・Shimada T, Bowman A, Ishida M (2000) Effects of flooding on a wetland bird community. Ecological Research 15: 229-235.（洪水が伊豆沼・内沼の水鳥群集に与えた影響を明らかにした論文）

- 嶋田哲郎（２０１０）気象条件にともなうヒシクイの短期的移動．Bird Research ６：７－11．（降雪量と平均気温の変化によって、越冬期間中でもヒシクイが大規模移動することを示した論文）
- Shimada T, Hijikata N, Tokita K, Uchida K, Kurechi M, Suginome H, Yamada Y, Higuchi H (2016) Satellite-tracking of the spring migration and habitat use of the Brent Goose *Branta bernicla* in Japan. Ornithological Science 15: 37-45.（説明は２７８頁の同文献を参照）
- 嶋田哲郎（２０２０）伊豆沼・内沼のガンカモ類．伊豆沼・内沼研究報告14：１－14．（説明は２７２頁の同文献を参照）
- 嶋田哲郎（２０２１）ハクチョウ類・ガン類・カモ類の渡り．鳥の渡り生態学．樋口広芳 編．東京大学出版会、東京．（説明は２７２頁の同文献を参照）

第７章

- 芦澤 淳・星 雅俊・藤本泰文・嶋田哲郎（２０１５）湖沼における刈払い装置を用いたハス群落の抑制方法に関する試験．伊豆沼・内沼研究報告９：61－70．（船の動力を用いたハスの刈り払い装置を開発し、それによってハス抑制の効果を明らかにした論文）
- Fujimoto Y, Takahashi K, Shindo K, Fujiwara T, Arita K, Saitoh K, Shimada T (in press) Success in population control of the invasive largemouth bass *Micropterus salmoides* through removal at spawning sites in a Japanese shallow lake. Management of Biological Invasions.（繁殖期を中心としたオオクチバス駆除によって、オオクチバスの低減維持に成功したことを述べた論文）
- 藤本泰文・高橋清孝・進東健太郎・斉藤憲治・三塚牧夫・嶋田哲郎（２０２１）伊豆沼・内沼におけるオオクチバス駆除活動によるゼニタナゴの復活．魚類学雑誌68：61－66．（ボランティア団体、バス・バスターズをはじめ、オオクチバスの駆除活動とその成果をまとめた論文）
- 伊豆沼・内沼自然再生協議会（２０２０）伊豆沼・内沼自然再生事業全体構想 第２期．https://www.

pref.miyagi.jp/soshiki/sizenhogo/00top.html.（生物多様性復元や水質改善など、科学的知見に基づく伊豆沼・内沼の自然再生事業の全体構想を述べたもの。２０２０年から第２期が始まっている）

- Kaizu Y, Shimada T, Takahashi Y, Igarashi S, Yamada H, Furuhashi K, Imou K (2021) Development of a small electric robot boat for mowing aquatic weeds. American Society of Agricultural and Biological Engineers 64: 1073-1082.（完全無人化のハス刈りロボットボートの開発と、それによるハス刈りの効果を明らかにした論文）
- 呉地正行（２００６）雁よ渡れ．どうぶつ社、東京．（説明は２７４頁の同文献を参照）
- Rees EC (2012) Impacts of wind farms on swans and geese: a review. Wildfowl 62: 37-72.（ガン類やハクチョウ類に対する風力発電施設の影響を解説した総説論文）
- 嶋田哲郎・藤本泰文（２０１０）伊豆沼・内沼におけるガンカモ類への給餌縮小の影響．伊豆沼・内沼研究報告４：１－７．（大規模給餌を縮小したことによって、給餌場所で見られたガンカモ類の変化を述べた論文）
- 嶋田哲郎（２０２０）伊豆沼・内沼のガンカモ類．伊豆沼・内沼研究報告14：１－14．（説明は２７２頁の同文献を参照）
- 嶋田哲郎（２０２１）ハクチョウ類・ガン類・カモ類の渡り．鳥の渡り生態学．樋口広芳 編．東京大学出版会、東京．（説明は２７２頁の同文献を参照）
- 植田睦之・嶋田哲郎（２００９）長距離移動するマガンの飛び立ち地点からの距離と飛行高度との関係．Bird Research ５：17－21．（長距離移動するマガンで、飛び立ち地点からの距離に応じた、飛行高度を明らかにした論文）
- 植田睦之・嶋田哲郎・菊地デイル万次郎・三上かつら・内田 聖・高橋佑亮・時田賢一・杉野目 斉・矢澤正人（２０１８）越冬地におけるオオハクチョウとオナガガモの飛行高度．Bird Research 14：13－18．（飛び立ち地点からの距離に応じた、オオハクチョウとオナガガモの飛行高度を明らかにした論文）

第８章

•小川健太・牛山克巳・小練文弥（２０１９）ＵＡＶ画像を用いた水面の水鳥の自動カウント．日本リモートセンシング学会誌39：３６３-３７０．（ＵＡＶで撮影された、水面の水鳥の個体数を自動カウントする技術を述べた論文）

•嶋田哲郎・山田浩之・牛山克己（２０１９）日本鳥学会津戸基金シンポジウム「新技術をもちいた鳥類モニタリングと生態系管理」要旨集．北海道大学、北海道．（第７、８章で述べた、東京大学、北海道大学、酪農学園大学、宮城県伊豆沼・内沼環境保全財団の共同研究の概要を知ることのできる要旨集）

•鈴木 透・高橋佑亮・嶋田哲郎（２０２１）伊豆沼の湖沼を利用するサギ類のモニタリングにおけるＵＡＶの利用可能性．応用生態工学23：３７７-３８２．（ハスに覆われ、陸上からの目視ではカウント困難なチュウサギについて、上空からＵＡＶを用いることで個体数をカウントする技術を述べた論文）

•牛山克巳・高橋佑亮・嶋田哲郎・鈴木 透・山田浩之（２０２０）「デジアナカウンター」の製作とマガンの個体数調査への使用例．湿地研究10：79-83．（従来型のアナログカウンターとデジタルカウンターを組み合わせて開発された「デジアナカウンター」を、実際のカウントに使用した例を示した論文）

•山田浩之（２０１９）全周魚眼カメラを用いたマガン個体数自動カウントへの挑戦．野鳥84：16-19．（定点センサスの考え方で設置された全周魚眼カメラによって、マガンがねぐら入りする個体数の自動カウントを試みた実践例）

コラム（ガンカモ類 マメ知識１）

•Unwin M、Tipling D.（２０２１）鳥の渡り大図鑑．森本 元 監訳．渡邉真里、定木大介 訳．緑書房、東京．

•長谷川 克（２０２０）ツバメのひみつ．森本 元 監修．緑書房、東京．

監修を終えて

野鳥観察において冬の水鳥の主役ともいえるガンカモ類。愛らしくも美しい姿に惹かれて、本書を手にした読者も多いのではなかろうか。さてさて、読み終えた本書にどのような印象をもたれただろう。彼らをとりまく世界を、鳥の視点だけでなくそれに関わる人々の視点からも、眺めていただけたのではないかと思う。

本書はガンカモ類に特化した読み物である。図鑑のように観察と識別に注力した書籍は出版されているが、その生態や研究成果を網羅的に紹介する和書はあまりない。カモは公園の池などでも観察できる身近な存在なので、詳しく知りたいという人がいるはずだ。しかし、一冊読めばガンカモ類を総合的に理解できるという書籍はほとんどないのが現状だろう。

こうしたことから始まった本書の企画だが、「言うは易し、行うは難し」である。日本には、ガンカモ類の専門家は何人もいる。特に大型のガン類やハクチョウ類は、ほかの野鳥のグループと比べても研究者の層が厚いほうかもしれない。だが、カモ・ガン・ハクチョウを横断的かつ、総合的に扱える著者を誰か選ぶとなると、なかなか悩ましいのである。なぜなら、研究者は多くの場合、専門が細分化していて、ガンカモ類を研究しているとはいっても対象の種が限定されていたり、さまざまな研究テーマのうち、特定のテーマに注力しているからである。

そのようななか、この人なら間違いないと私の頭に浮かんだ人物、それが嶋田哲郎さんである。カモからガンやハクチョウまでを網羅的に扱うことができる上、初学者向けの解説に長けており、識別だけでなく個体数の変動や行動といった話題にも精通し、渡りの追跡研究から保全活動まで語れる研究者。まさに全方位に対応できる人。このような著者はなかなかいない。

このため、嶋田さんが私の打診を引き受けてくれたときは、安堵するとともに、一緒に仕事をできることがうれしく、あたたかい気持ちにもなった。なにより、嶋田さんが長年、コンスタントに着実に発表してきた研究成果を一望できることが、私自身、楽しみだったのである。

嶋田さんは学生時代から一貫してガンカモ類の研究を続けてきた。大学院生時代のカルガモの研究に始まり、その後、伊豆沼・内沼の自然環境保全に関わる財団の研究職に就かれてからは、カモ類だけでなく、ガン類やハクチョウ類にまで対象を広げ、あらゆる研究テーマを扱っている。また、二〇一一年に起きた東日本大震災という、人にも自然にも大きな影響のあった天災を現地で経験された。加えて、鳥そのものの研究だけにとどまらず、その研究成果を活かし、農業への被害対策と野鳥の保全の両立といった、人間社会の問題解決や、鳥たちが生息する伊豆沼・内沼の環境改善といったことまで、その活動の幅広さには舌を巻く。なにより、その誠実かつ堅実な歩みには頭が下がる思いである。

広大な伊豆沼・内沼を舞台に、数万羽に達する鳥たちを相手にし、数十年かかっても達成できるかどうかわからない保全活動を続けて成果を出しているのである。スタート地点であった数十年前に、果たしてこれが可能と思えただろうか。多くの人は、途中で心がくじけているだろう。嶋田さんと周囲のさまざまな人々による努力の積み重ねは並大抵のものではない。

本書には、そうした数十年の歩みによって得られたガンカモ類の知見が、ギュギュッと濃縮されている。研究者は1つの論文を出すために数年の努力を重ねている。いわば読者は本書によって、著者の長年の努力を、わずか数時間で疑似体験できるともいえよう。

嶋田さんはじつは大学院の先輩なのだが、在学期間が重なっていない。そんなよく知らない後輩である私にも、学会などでお目にかかるたびに、「森本くん！」と気さくに声をかけてくださるお人柄なのである。本書は、そのような親しみやすく誠実な嶋田さんの人となりがにじみ出た一冊となったと思う。

最後に、著者である嶋田さん、編集に尽力くださった緑書房の秋元理氏、森光延子氏、本書を手にしてくれた皆さんに感謝を述べて、監修の締めとしたい。鳥たちの暮らしぶりだけでなく、それに関わる人々の想いや歴史を本書から感じ取っていただけたら、監修者としてこの上ない喜びである。

森本 元

写真・図版提供者一覧 （五十音順、＊は故人）

本書の制作にあたり、下記の方々には貴重な写真および図版をご提供賜りました。
ここに厚く御礼申し上げます。

麻山 賢人 様
芦澤 淳 様
阿部 拓三 様
池内 俊雄 様
伊藤 利喜雄 様
江刺 拓司 様
Elliott, Kyle H. 様
岡本 勇太 様
小川 健太 様
海津 裕 様
笠原 啓一 様*
狩野 博美 様
神山 和夫 様
斎藤 峰好 様
佐々木 浩司 様
佐藤 賢二 様
佐藤 達夫 様
澤　祐介 様
澤井 保人 様
篠原 善彦 様
城石 一徹 様
鈴木 勝利 様
鈴木 透 様
髙木 昌興 様
高橋 佑亮 様
谷岡 隆 様
時田 賢一 様
西山 麻衣子 様
速水 裕樹 様
藤田 剛 様
藤本 泰文 様
細川 幸 様
本田 敏夫 様
三島 直温 様
箕輪 義隆 様
宮城県 様
森口 紗千子 様
山田 浩之 様

■著者
嶋田哲郎（しまだ てつお）
（公財）宮城県伊豆沼・内沼環境保全財団 研究室長
1969年東京都生まれ。1992年東京農工大学農学部環境保護学科卒業、1994年東邦大学大学院理学研究科修士課程修了。1994年宮城県伊豆沼・内沼環境保全財団研究員に着任。2006年マガンの越冬戦略と保全をテーマに、論文博士として岩手大学より博士（農学）号を取得。2020年より現職。専門は鳥類生態学、保全生態学。ガンカモ類を中心とした水鳥類の生態研究のほか、オオクチバス駆除や水生植物の復元など沼の保全、講話や研修会、自然観察会など自然保護思想の普及啓発に取り組む。2013年愛鳥週間野生生物保護功労者日本鳥類保護連盟会長褒状受賞。著書に「ハクチョウ 水べに生きる」（小峰書店）、「鳥の渡り生態学」（分担執筆、東京大学出版会）など。

■監修者
森本 元（もりもと げん）
（公財）山階鳥類研究所 研究員
東邦大学 客員准教授 ほか
1975年新潟県生まれ。東邦大学大学院理学研究科修士課程を経て、2007年立教大学大学院理学研究科博士後期課程修了。博士（理学）。立教大学博士研究員、国立科学博物館支援研究員などを経て、2012年に山階鳥類研究所へ着任し2015年より現職。専門分野は、生態学、行動生態学、鳥類学、羽毛学など。鳥類の色彩や羽毛構造の研究、山地性鳥類・都市鳥の生態研究、バイオミメティクス研究、鳥類の渡りに関する研究などを主なテーマとしている。近著に『フクロウ大図鑑』『世界の渡り鳥大図鑑』（いずれも監訳、緑書房）、『ツバメのひみつ』『ツバメのせかい』（いずれも監修、緑書房）、『鱗の博物誌』（分担執筆、グラフィック社）、『遺伝子から解き明かす鳥の不思議な世界』（分担執筆、一色出版）等がある。

知って楽しいカモ学講座
―カモ、ガン、ハクチョウのせかい―

2021年10月10日　第1刷発行
2024年 2 月20日　第2刷発行

著　者　嶋田 哲郎
監修者　森本 元
発行者　森田 浩平
発行所　株式会社 緑書房
〒103-0004
東京都中央区東日本橋3丁目4番14号
TEL 03-6833-0560
https://www.midorishobo.co.jp

デザイン　リリーフ・システムズ
カバーデザイン　尾田 直美
印刷所　図書印刷

ISBN978-4-89531-762-7 Printed in Japan